BEISPIELE ZUR MIKROSKOPISCHEN UNTERSUCHUNG VON PFLANZENKRANKHEITEN

VON

GEH. REGIERUNGSRAT DR. OTTO APPEL
DIREKTOR DER BIOLOG. REICHSANSTALT F. LAND- U. FORSTWIRTSCHAFT
HON.-PROFESSOR A. D. LANDWIRTSCHAFTLICHEN HOCHSCHULE BERLIN

DRITTE
VERMEHRTE UND VERBESSERTE AUFLAGE

MIT 63 TEXTABBILDUNGEN

BERLIN
VERLAG VON JULIUS SPRINGER
1922

SONDERABDRUCK AUS

HAGER-MEZ, DAS MIKROSKOP UND SEINE ANWENDUNG

13. AUFLAGE.

ISBN-13: 978-3-642-89500-5 e-ISBN-13: 978-3-642-91356-3
DOI: 10.1007/978-3-642-91356-3

Aus dem Vorwort zur ersten Auflage.

Das Studium der Pflanzenkrankheiten erweckt in der neueren Zeit in immer größeren Kreisen Interesse, und zwar nicht nur bei Landwirten, die direkt durch die eine oder andere ihnen bekannte Krankheit geschädigt werden, sondern ganz allgemein in den Kreisen der Landwirte, Forstleute, Gärtner, Gartenbesitzer und aller derer, die mit unseren Kulturpflanzen in irgendwelchem Zusammenhange stehen.

Unter diesen Interessenten befindet sich auch eine große Anzahl solcher, die mit Lupe und Mikroskop umzugehen wissen, und die daher sich nicht damit begnügen wollen, die Pflanzenkrankheiten nur äußerlich kennen zu lernen, sondern die auf die nicht mit bloßem Auge sichtbaren Einzelheiten eingehen möchten.

In der Erkenntnis dieser Verhältnisse ist der Teil des Hager-Mez'schen Buches „Das Mikroskop", der sich mit den pflanzenpathologischen Beispielen befaßt, in der neuen 9. Auflage ausführlicher bearbeitet worden, als es in der 8. Auflage vorlag. Da mir aber zahlreiche Anfragen von Landwirten, landwirtschaftlichen Schulen und jungen Botanikern, die sich einen ganz allgemeinen Einblick in die Pathologie verschaffen wollen, zeigten, daß ein kleines Büchlein dieser Richtung mangelt, hat die Verlagsbuchhandlung meiner Anregung Folge gegeben und den vorliegenden Teil des Hager-Mez'schen Buches als Sonderabdruck in einer beschränkten Anzahl von Exemplaren erscheinen lassen.

Vorwort zur dritten Auflage.

Seit dem Erscheinen der ersten Auflage der vorliegenden Schrift ist eine Reihe von Jahren vergangen, in denen sich der Pflanzenschutz immer mehr entwickelt hat. Besonders die Kriegsjahre und die Nachkriegszeit haben gezeigt, wie wichtig es ist, nicht nur daran zu arbeiten, unsere Ernte zu erhöhen, sondern sie auch vor einer Minderung durch Schädigungen und Krankheiten aller Art zu bewahren. Besonders hat sich der amtliche Pflanzenschutzdienst entwickelt und in der Zusammenarbeit zwischen Wissenschaft und Praxis wesentliche Erfolge gezeigt. Dies hat auch dazu geführt, daß in letzter Zeit an einer ganzen Reihe von Hochschulen besondere Vorlesungen über Pflanzenschutz und -krankheiten eingerichtet worden sind.

Diese Verhältnisse bringen es mit sich, daß sich der Kreis derer, die sich für die Schädlinge und Krankheiten der Kulturpflanzen interessieren, wesentlich erweitert hat, und so wird, wie ich hoffe, die Neuherausgabe der „Beispiele" vielen willkommen sein.

Auch diesmal möchte ich wieder darauf hinweisen, daß alle diejenigen, die einer Einführung in die Mikroskopie bedürfen und sich auf den verschiedensten Gebieten der angewandten Mikroskopie umsehen wollen, das Gesamtwerk Hager-Mez, „Das Mikroskop und seine Anwendung", nicht entbehren können.

Berlin-Dahlem, im September 1922. **Appel.**

Inhaltsverzeichnis.

A. Die wichtigsten Pilzkrankheiten der Kulturgewächse.

Um die Pilze, die Pflanzenkrankheiten hervorrufen, richtig zu erkennen, genügt es nicht immer, nur ein mikroskopisches Präparat zu untersuchen, denn sehr häufig finden sich dabei keine Fruktifikationsorgane, oder aber der Zusammenhang zwischen den gefundenen Pilzen und der vorliegenden Krankheit ist nicht klar erkennbar. Findet sich nur steriles Myzel in dem Gewebe, so genügt es oft, die betreffenden Organe (Blätter, Stengelteile usw.) in eine feuchte Kammer zu legen, um die weitere Entwicklung der Pilze zu verfolgen. Sehr viele bilden hierbei Fruktifikationsorgane, mit deren Hilfe eine Bestimmung möglich ist. Dies gilt besonders für diejenigen Pilze, die Konidien bilden, wie *Botrytis, Fusarium, Phytophthora*, sowie für solche, die sich bereits in einem fortgeschrittenen, der Fruktifikation nahen Stadium befinden. In anderen Fällen ist es dagegen nötig, den Krankheitserreger auf einer anderen Unterlage zur weiteren Entwicklung zu bringen. Dabei leisten Nährböden, die man aus den Preßsäften der betreffenden Pflanzen mit Agar oder Gelatine herstellt, oder mit einer Nährlösung getränktes Filtrierpapier sowie sterilisierte Teile der kranken Pflanze selbst gute Dienste. Als besonders geeignet haben sich auch sterilisierte Stückchen von Kartoffeln und von ausgereiften Kartoffel- oder Lupinenstengeln erwiesen. Die Kartoffelknollen begünstigen im allgemeinen das Myzelwachstum, die Stengel die Entwicklung von Konidien und anderen Sporenformen. Will man, um später Infektionsversuche zu machen, den Krankheitserreger isolieren, so entnimmt man möglichst an der Grenze des als krank erkannten Gewebes unter Vermeidung der länger erkrankten Stellen kleine Gewebestückchen, die man entweder mit flüssig gemachter Gelatine verschüttelt und in verschiedener Verdünnung, wie das bei bakteriologischen Arbeiten üblich ist, in Petrischalen ausgießt oder sie im ganzen auf einen festen Nährboden überträgt. Legt man eine größere Zahl solcher Kulturen an, so gelingt es in den meisten Fällen, des Krankheitserregers habhaft zu werden.

Bakterienfäule der Kartoffel (Abb. 1).

Die Bakterienfäule der Kartoffel und die mit ihr häufig im Zusammenhang stehende „Schwarzbeinigkeit“ der Kartoffelstauden gehört zu den Pflanzenkrankheiten, die fast überall leicht zur Untersuchung zu beschaffen sind. Das Charakteristische der Krankheit ist folgendes:

Im Juli oder August sieht man auf den Kartoffelfeldern einzelne oder zahlreiche Pflanzen plötzlich abwelken. Bei näherer Untersuchung zeigen die Stengel an ihrem Grunde einen Zerfall, der mit einer Schwärzung des kranken Teiles verbunden ist (daher der Name „Schwarzbeinigkeit“). Mikroskopisch zeigen sich die einzelnen Gewebeteile voneinander gelockert, und die dabei entstehenden Zwischenräume sind von lebhaft beweglichen Bakterien erfüllt. Außer dem Stengelgrunde sind die unterirdischen Stengelteile und auch oft die Knollen erkrankt. Gegen den Herbst hin tritt die Knollenfäulnis mehr in den Vordergrund und vernichtet nicht selten einen hohen Prozentsatz der Ernte. Das Fleisch der erkrankten Knolle ist weich bis breiig; die einzelnen Zellen haben ihren Zusammenhang verloren, da die eingedrungenen Bakterien durch ein von ihnen ausgeschiedenes Enzym die Zwischenzellsubstanz aufgelöst haben. Gleichzeitig werden die Zellen abgetötet, der Zellsaft tritt aus, die Wände verlieren ihre Festigkeit, und so kommt das Bild der Abb. 1 zustande. Auf diesem sieht man einige Kartoffelzellen, die durch Bakterien voneinander gelöst sind. Die Stärkekörner sind unversehrt, aber die Zellen haben ihre Gestalt verloren und machen den Eindruck schlaffer Säckchen. Außerhalb — nicht innerhalb — der Zellen sieht man zahlreiche Bakterien. In trockener Umgebung verdunstet die Feuchtigkeit rasch, und es bleibt nur die Stärke mit den Zellhäuten zurück (Bakterien-Trockenfäule); unter dem Einfluß anhaltender Nässe siedeln sich Fäulnisorganismen an, und die Gewebereste werden völlig zerstört (Naßfäule).

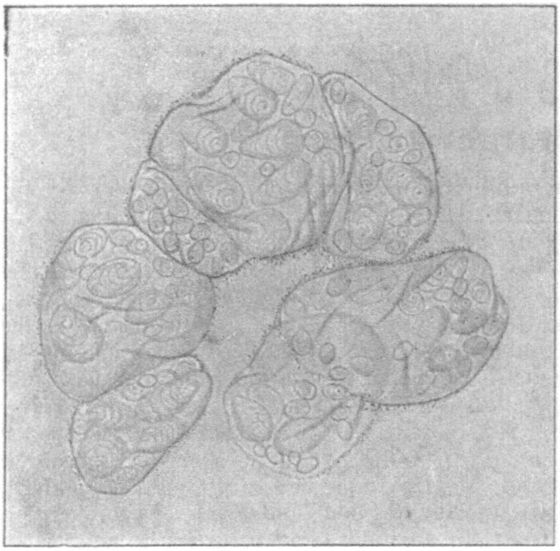

Abb. 1. Bakterienfäulnis der Kartoffel. — Vergr. $^{250}/_{1}$.

Als Erreger dieser Krankheit können verschiedene Bakterien auftreten, von denen bisher vier, nämlich *Bact. phytophthorum* (Appel), *Bact. solanisaprum* (Harrison), *Bact. atrosepticum* (v. Hall) und *Bact. xanthochlorum* (Schuster), näher untersucht sind. Diese Arten unterscheiden sich folgendermaßen:

	Größe	Verflüssigung im Gelatinestich	Geißeln
Bact. phyt.	0,9—1,6×0,75 μ	rasch, strumpffg.	3—4 peritriche
Bact. atrosept. . .	0,8—1,6×0,4 μ	schwach	zahlreiche peritriche
Bact. solanisapr. .	1,5—3×0,6—1,4 μ	rübenfg.	2—8 peritriche
Bact. xanthochl. .	1,5—3×0,75 μ	champagnerglasfg. (Auf Agar Fluoreszenz)	1—2, selten 3 polare

Sämtliche Arten haben die Neigung, in Kultur bei höherer Temperatur Fäden zu bilden.

Die Verbreitung erfolgt meist durch Benutzung erkrankten Saatgutes; aber unter besonders ungünstigen Verhältnissen, zu denen die Verwendung zerschnittener Saatkartoffeln, ungünstige Witterungsverhältnisse u. a. m. zu rechnen sind, findet auch ein Befall vom Boden aus statt.

Die Bekämpfung beruht auf der großen Empfindlichkeit der in Frage kommenden Bakterien gegen Trockenheit einerseits und der Eigenschaft der Kartoffel, leicht Wundkork zu bilden, andererseits und besteht darin, daß man die Kartoffeln erkrankter Felder, nach sorgfältigem Entfernen der als krank kenntlichen, möglichst kühl und trocken aufbewahrt und vor ihrer Benutzung als Saatgut womöglich noch bis zur leichten Schrumpfung eintrocknen läßt. Da die dickschaligen Sorten meist widerstandsfähiger sind als die dünnschaligen, so hilft auch oft ein in dieser Richtung durchgeführter Sortenwechsel.

Bakterienbrand der Kirschbäume (Abb. 2).

Diese besonders in Baumschulen manchmal verheerend auftretende Krankheit ist deshalb besonders interessant, weil sie zurzeit den einzigen bei uns häufiger vorkommenden Fall darstellt, bei dem lebende Holz-

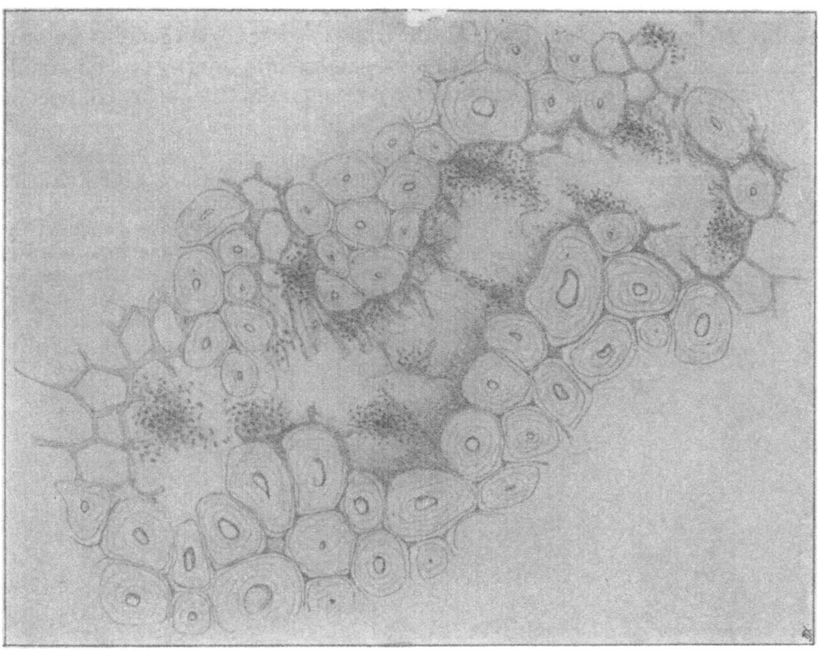

Abb. 2. Bakterienbrand der Kirschbäume. (Nach Aderhold und Ruhland.) Vergr. 800/1.

pflanzen durch Bakterien zerstört werden. Die vom Bakterienbrand ergriffenen Bäume gehen, je nachdem die Stämme oder einzelne Äste infiziert sind, scheinbar plötzlich ein, oder es sterben einzelne Zweige ab. Dies geschieht gewöhnlich im Laufe des Sommers, nachdem die Bäume noch normal ausgetrieben haben. An der Rinde findet man dann dunkel verfärbte, eingesunkene, gegen die gesunden Teile sich scharf abhebende Stellen, die sich beim Anschneiden als tot erweisen. Die abgestorbenen Stellen zeigen in der jüngsten Rinde große Lücken im Gewebe, die durch die Zerstörung der jungen Phloëmteile und ihrer Umgebung entstehen. Diese Lücken erscheinen vielfach gefächert, da die Markstrahlen der Zerstörung Widerstand leisten, und dadurch kommt eine schon dem bloßen Auge erkennbare charakteristische, netzartige Struktur zustande. Durchtränkt sind die kranken Stellen von einem anfangs gelblich-grünen, später dunkelroten Gummi, der häufig auch in Tropfen hervorquillt. Zwischen den Gummimassen und den zerstörten Gewebeteilen finden sich Massen von Bakterien (Abb. 2). Wie bei allen Bakterienkrankheiten der Pflanzen findet man die pathogene Art nur an der äußersten Zone der erkrankten Stellen, während in den schon abgestorbenen Teilen sich die verschiedenartigsten saprophytisch lebenden Arten breit machen. Die aus den brandigen Stellen der Kirschbäume von Aderhold und Ruhland isolierte und durch Versuche als Erreger der Krankheit nachgewiesene Art ist ein schlankes, lebhaft bewegliches Stäbchen von 1,6—4 μ Länge und 0,6—0,8 μ Dicke, mit mehreren polaren Geißeln. Auf 5 %iger Rohrzucker-Bouillongelatine sind die aufliegenden Kolonien dünn, saatweiß, napfartig verflüssigend, mit einer vakuoligen, schwammartig aussehenden Struktur; daher der Name *Bacillus spongiosus* Aderh. et Ruhl.

Wie weit die Krankheit auch auf andere Stein- und Kernobstsorten überzugehen vermag, ist noch nicht näher untersucht, doch leiden Apfel-, Pflaumen- und andere Obstbäume an ähnlichen Krankheitserscheinungen.

Als Gegenmittel ist das möglichst sorgfältige Ausschneiden bzw. das Entfernen und Verbrennen aller kranken Zweige und Stämme zu empfehlen. Auch ist darauf zu achten, daß die Krankheit nicht mit dem Messer des Gärtners von Baum zu Baum verschleppt wird.

Abb. 3. Von der Kohlhernie befallene Kohlrabipflanze.

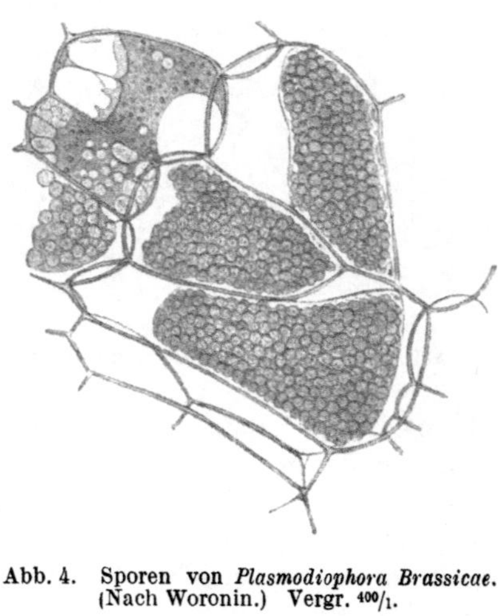

Abb. 4. Sporen von *Plasmodiophora Brassicae*. (Nach Woronin.) Vergr. 400/1.

Kohlhernie (Abb. 3 u. 4).

Sämtliche Arten der Gattung *Brassica* sowie eine Anzahl von anderen Kruziferen leiden oft an knollenförmigen Wurzelanschwellungen verschiedenster Gestalt (Abb. 3), die durch einen Schleimpilz, *Plasmo-*

diophora Brassicae Woron., hervorgebracht werden. Untersucht man einen feinen Schnitt durch eine solche Anschwellung bei starker Vergrößerung, so findet man viele Zellen, die durch ihre Größe auffällig sind, dicht mit kleinsten, stark lichtbrechenden Kügelchen erfüllt. Dies sind die Sporen der *Plasmodiophora* (Abb. 4). Durch Woronins Untersuchungen wissen wir über diesen Pilz folgendes: Jede der kleinen Sporen verwandelt sich in Wasser oder feuchter Erde in eine kleine, amöbenartige, frei bewegliche, mit einer Wimper und Pseudopodien versehene Plasmamasse, die Myxamöbe. Diese dringt in junge Kohlwurzeln ein, lebt zunächst als membranloser Schmarotzer (Plasmodium) im Plasma der Wirtspflanze und teilt sich, nach völligem Heranwachsen, wieder in kleinste Partien, die sich mit Membranen umgeben und die Sporen darstellen. Durch Verwesung der Wurzeln werden die Sporen dann wieder frei.

Die beste Bekämpfung dieser Krankheit besteht darin, auf Feldern, die einmal hernienkranke Pflanzen getragen haben, mehrere Jahre hindurch andere Früchte anzubauen, bis die Sporen zugrunde gegangen sind. Auch auf etwa vorhandene kranke Pflanzen wildwachsender Kruziferen ist dabei zu achten. — Auch wirkt eine starke Düngung mit Ätzkalk der Krankheit entgegen.

Der Kartoffelkrebs (Abb. 5).

Der Kartoffelkrebs wird durch den Pilz *Chrysophlyctis endobiotica* oder *Synchytrium endobioticum* aus der Familie der *Chytridiaceen* verursacht. Dieser Pilz besitzt keine Myzelfäden. Seine Schwärmsporen

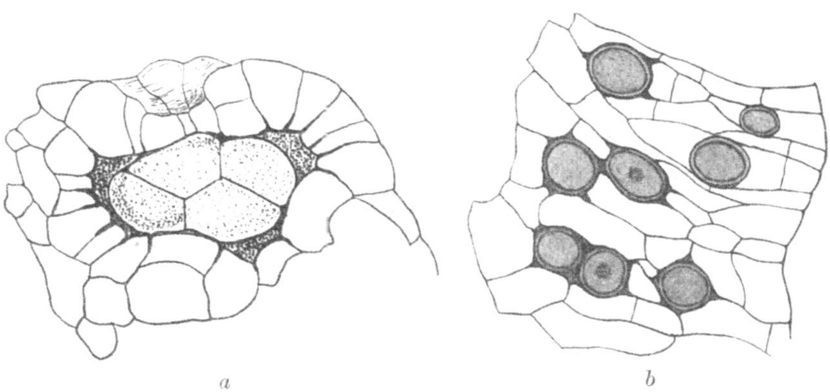

Abb. 5. Fortpflanzungskörper von *Chrysophlyctis endobiotica*.
a Sommerzyste mit 4 Sporangien. Vergr. $^{250}/_{1}$. *b* Dauerzyste. Vergr. $^{160}/_{1}$.

befallen die unterirdischen Ausläufer der Kartoffelpflanze und die an diesen entstehenden Knollen, indem sie vom Boden aus in das Gewebe eindringen. An den befallenen Teilen entstehen blumenkohlförmige, oft zerklüftete, im frischen Zustande gelblich-weiß gefärbte Wucherungen, die sich von ihrer Ursprungsstelle meist leicht ablösen lassen. Häufig sind auch die Knollen ganz oder zum größeren Teil in solche Wucherungen umgebildet. Gleichzeitig mit dem Absterben des Kartoffelkrautes färben sich diese Wucherungen dunkelbraun und verrotten sehr rasch. In dem Gewebe der frischen Wucherungen erkennt man bei mikroskopischer Betrachtung zwei verschiedene Formen von Fortpflanzungskörpern, die ihre Entstehung eingedrungenen Schwärmsporen verdanken, nämlich einerseits Sommersporangien mit dünnen Wänden, die meist zu mehreren in einer Wirtszelle liegen (Abb. 5*a*), und andererseits Dauersporangien mit dicken Wänden, auch Dauerzysten oder Wintersporen genannt, die sich in der Regel in Einzahl in der Wirtszelle entwickeln (Abb. 5*b*). Letztere fallen durch ihre goldgelbe Färbung sofort in die Augen. In den Sporangien reifen die außergewöhnlich kleinen, mit einer Geißel versehenen Schwärmsporen heran. Während die Sommersporangien ihren Inhalt alsbald nach der Reifung entlassen und dadurch die Ansteckung ausbreiten, können die Dauersporangien eine Reihe von Jahren lebend im Boden überdauern, um erst spät zu keimen. So kommt es, daß der Boden noch jahrelang, nachdem sich einmal die Krankheit auf ihm gezeigt hat, vom Krebspilz verseucht sein kann.

Man wird auf die Krankheit für gewöhnlich erst bei der Ernte aufmerksam. Auch sehr stark befallene Kartoffelpflanzen, an denen sich kaum eine Knolle mehr bildet, zeigen ein üppiges, äußerlich gesundes Wachstum. Manchmal, besonders in feuchten Jahren, sind auch oberirdische Teile in der Nähe des Erdbodens befallen.

Bekämpfung. Ist einmal ein Landstück verseucht, so hilft nur der Anbau von Sorten, die von der Krankheit nicht befallen werden. Setzt man dieses Verfahren eine genügende Reihe von Jahren hindurch fort, so erlischt schließlich die Lebensfähigkeit der Dauerzysten. Allerdings weiß man noch nicht, wie lange der Erreger im Boden infektionstüchtig bleibt. Man muß jedoch mit einer Zeitdauer von mehr als 10 Jahren rechnen.

Weißer Rost der Kruziferen (Abb. 6).

Der weiße Rost der Kruziferen wird hervorgerufen durch *Cystopus candidus* Pers. Auf den verschiedensten Kruziferen verursacht dieser Pilz Deformationen, die von einfachen Krümmungen und Auftreibungen der Blätter bis zur völligen Mißgestaltung der ganzen Pflanze alle Variationen darbieten. Am häufigsten findet man den Pilz auf *Capsella bursa pastoris,* auf der seine porzellanartigen weißen Konidienpolster besonders üppig ausgebildet sind; aber auch auf den verschiedenen *Brassica*-Arten, auf dem Rettich, dem Meerrettich, der Gartenkresse, dem Goldlack und vielen anderen Arten kommt er vor. Das Myzel wächst interzellular, durch kleine Haustorien sich ernährend, und bildet in mehr oder weniger großen Polstern vereinigte Konidienlager (Abb. 6). Die Konidien entstehen perlschnurförmig an kurzen Trägern und sind untereinander durch kurze, stielartige Zwischenzellen verbunden; die Form und Größe der Lager ist eine ganz unbestimmte. Mit dem Beginne der Abschnürung der Konidien wird die Epidermis der Nährpflanze gesprengt und abgehoben. Aus den Konidien schlüpfen

Schwärmsporen, die ihre Beweglichkeit durch zwei Zilien erhalten. Auf Keimlingen und anderen jüngsten Pflanzenteilen keimen diese Schwärmsporen aus und entsenden ihre Keimschläuche durch die Spaltöffnungen in das Innere des jungen Gewebes. Außerdem findet aber auch die Bildung von Oogonien statt. Dieselben finden sich in den tiefer liegenden Gewebeteilen, besonders der Stengel, wie dies an Abb. 6 zu sehen ist. An das Oogonium legt sich das Antheridium an und befruchtet die Eizelle durch einen dünnen Keimschlauch.

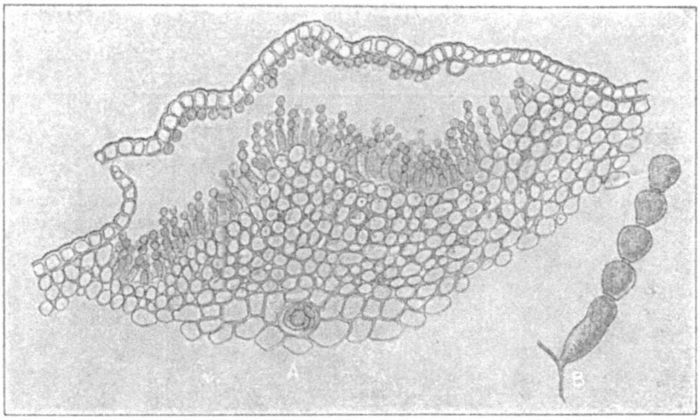

Abb. 6. *Cystopus candidus*. *A* Konidienpolster 70/1; unter der sich abhebenden Epidermis sind die zahlreichen, perlschnurartig an kurzen Trägern entstehenden Konidien zu sehen. Tiefer im Gewebe liegt ein Oogonium. *B* einzelner Träger mit Konidien. Vergr. 300/1.

Die daraus entstehende Oospore hat eine dicke, höckerige Membran; sie wird erst durch die Verwitterung des sie umgebenden Gewebes frei und enthält dann zahlreiche Schwärmsporen, die ebenso wie die aus den Konidien zwei Zilien haben und durch die Spaltöffnungen in Keimpflanzen und andere junge Gewebeteile eindringen.

Tritt die Krankheit auf Kulturpflanzen stark auf, so entferne man möglichst alle befallenen Pflanzenteile so früh wie möglich; ist dies nicht vollkommen durchführbar, so räume man die kranken Pflanzen ab, sobald sie absterben, und lasse keine Teile auf dem Felde liegen, damit eine Überwinterung und Neuinfektion durch die Oosporen im Frühjahre vermieden wird.

Phytophthorakrankheit der Kartoffel (Abb. 7 u. 8).

Von Juni bis August sieht man häufig auf dem Kartoffelkraut sogenannte Brandflecke entstehen, die erst gelb, dann braun, schließlich schwärzlich werden und sich rasch vergrößern. Am Rande dieser Flecken sieht man auf der Blattunterseite, besonders bei feuchtwarmer Witterung, mit bloßem Auge, daß auf dem dort noch grünen Blattgewebe ein weißer Reif liegt. Das ist die von *Phytophthora infestans* bewirkte Kartoffelkrankheit oder Kartoffelfäule, die in wenigen Tagen das Laub auf ganzen Feldern zu vernichten vermag.

Betrachtet man die bereiften, aber noch grünen Stellen mit dem Mikroskop, so sieht man, daß aus den Spaltöffnungen verzweigte Bäumchen herauswachsen (Abb. 7 [1]), deren Äste zitronenförmige Körper tragen (Abb. 7 [2]). Diese Körper sind die Sporangien. Wird ein Sporangium in Wasser gebracht, so platzt es, und aus seinem Innern treten eine Anzahl lebhaft beweglicher, mit zwei Geißeln versehener Zoosporen, die nach einiger Zeit zur Ruhe kommen (Abb. 7 [3–6]). Sind bei nassem oder tauigem Wetter die Sporangien in Wassertropfen auf Kraut oder junge Knollen der Kartoffelpflanze gelangt, so wachsen die zur Ruhe gekommenen Schwärmsporen zu einem Schlauch aus,

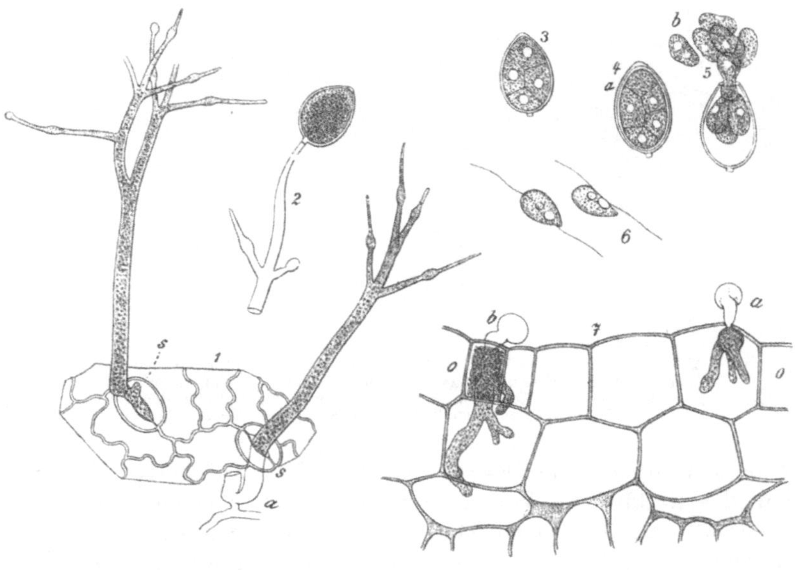

Abb. 7. Phytophthorakrankheit der Kartoffel. 1. Oberhautstückchen von der Unterseite eines Kartoffelblattes, aus dessen Spaltöffnungen die Sporangienträger des Pilzes hervorwachsen $^{200}/_{1}$; 2. Ende eines Sporangienträgers mit reifem Sporangium $^{300}/_{1}$; 3. Sporangium nach zweistündigem Liegen im Wasser mit beginnender, 4. mit vollendeter Teilung; 5. Entleerung der Schwärmsporen; 6. schwärmende Sporen von oben und von der Seite; 7. Eindringen der Keimschläuche durch die Oberhaut eines Kartoffelstengels. 3–7 Vergr. $^{400}/_{1}$. (Nach de Bary.)

der die Oberhaut der Nährpflanze durchbohrt (Abb. 7 [7]), sich im Innern derselben verzweigt und nun neues Myzel und neue Fruchtträger erzeugt.

Außer in dem Kraute lebt der Pilz aber auch noch in den Knollen, die er unter Bräunung des Gewebes zerstört. In die Knollen dringt er besonders bei nasser Witterung durch die Schale ein und wächst dann zwischen den Zellen in die Tiefe. Das Myzel ist sehr charakteristisch: es ist ohne Querwände, von unregelmäßiger, an eine knorrige Wurzel erinnernder Gestalt (Abb. 8). Bei reinem *Phytophthora*-Befall bleiben die Stärkekörner unverändert. (Man erleichtert sich den mikroskopischen Nachweis des Myzels dadurch, daß man die als krank äußerlich kenntlichen Kartoffeln durchschneidet und 1—2 Tage lang in eine feuchte Kammer legt. Es treten dann an den Stellen, an denen das Myzel reichlicher ist, Konidienträger als zarte, weiße Rasen aus dem Gewebe hervor.)

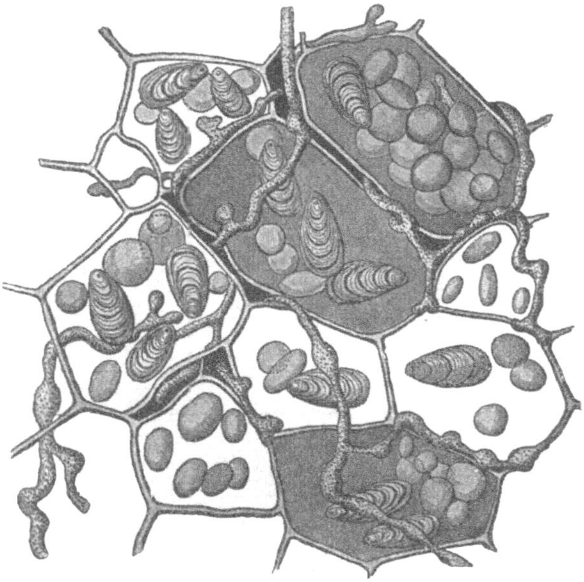

Abb. 8. Gewebe der Kartoffelknolle, von *Phytophthora*-Myzel durchwachsen. Vergr. 300/1.

Oosporen, wie bei anderen Peronosporeen, sind bis jetzt noch nicht mit Sicherheit nachgewiesen; man nimmt daher an, daß der Pilz als Myzel in den Kartoffelknollen überwintere.

Zur besseren Übersicht über die Unterscheidung der verschiedenen Kartoffelkrankheiten dient die Tabelle auf S. 10.

Falscher Mehltau des Weinstockes (Abb. 9 u. 10).

Diese Krankheit ist zu Ende der 70er Jahre des vorigen Jahrhunderts aus Nordamerika nach Europa eingeschleppt worden; sie wird durch einen nahen Verwandten des Kartoffelkrankheitspilzes, durch *Plasmopara* (*Peronospora*) *viticola*, verursacht. Die *Peronospora*-Krankheit ist leicht daran zu erkennen, daß besonders auf der Blattunterseite weiße Schimmelflecke entstehen (Abb. 9), während die Blattoberseite an den betreffenden Stellen gelblich bis braun gefärbt wird. Bald folgt dann ein Absterben und Abfallen der kranken Blätter. Außer den Blättern werden auch die Beerenstiele und Beeren befallen; letztere verlieren dadurch die Form und hängen als schlaffe Säckchen (sog. Lederbeeren) an den Stielen.

Die Infektion der Blätter erfolgt fast nur von der Unterseite her, wo die Spaltöffnungen als Eingangspforten dienen. Am Rande der

Übersicht über die hauptsächlichsten Kartoffelkrankheiten.

Name der Krankheit	Ursache	Kennzeichen der Krankheit an Kraut	Kennzeichen der Krankheit an Knollen	Zeit des Auftretens	Umstände, die die Verbreitung begünstigen	Schutzmittel
Kraut- und Knollenfäule	Pilz *Phytophthora infestans*	braune Flecken, mit weißlichem Flaum umsäumt	braune Flecken im Fleisch, äußerlich als braun-bläuliche, eingesunkene Flecken kenntlich	Juli bis September	feucht-warme Witterung	Bespritzung des Krautes mit Kupferkalkbrühe
Dürrfleckenkrankheit	Pilz *Alternaria solani*	runde braune, trockene Flecken auf den Blättern	—	Juli bis September	kleine, blattbewohnende Insekten	Spritzen mit Kupferkalkbrühe
Blattrollkrankheit	unbekannt	Blätter rollen sich längs der Mittelrippe zusammen, Ertragsrückgang		—	ungünstige Witterungs- und Bodenverhältnisse, krankes Saatgut	Verwendung guten Saatgutes
Bakterienringkrankheit	Bakterien	Verkümmerung der Stengel und Blätter	Gefäßbündelring, mehr oder weniger verfärbt und erweicht	während der ganzen Vegetationsperiode	krankes Saatgut, Verwundungen der unterirdischen Teile der Pflanze	Verwendung gesunden, unzerschnittenen Saatgutes
Gefäßverpilzung	Pilz *Verticillium Fusarium*	Rollung der Blätter, Welken, Verfärbung der Gefäßbündel	Verfärbung und Verpilzung der Gefäße	Juli bis zur Ernte	krankes Saatgut, Trockenheit	Verwendung gesunden Saatgutes
Schwarzbeinigkeit und Bakterienknollenfäule	verschiedene Bakterien	Stengel am Grunde schwarz und abgestorben	Knollen sind naßfaul	am Kraut Juni — August, an den Knollen jederzeit	krankes Saatgut, feuchtwarme Witterung	Verwendung gesunden, unzerschnittenen Saatgutes
Fußverpilzung	*Rhizoctonia*, vielleicht auch andere Pilze	Verkürzung der Triebspitzen und Rollung der oberen Blätter. Vermorschung des Stengelgrundes.	*Rhizoctonia*-Pocken auf der Schale	Juli bis zur Ernte	saurer Boden	noch unbekannt, wahrscheinlich gibt es widerstandsfähige Sorten
*Fusarium*fäule	Pilz, verschiedene Arten von *Fusarium*	Vermorschung und gänzliche Zerstörung der Knollen		—	Verletzungen durch Einflüsse verschiedenster Art	—
Eisenfleckigkeit	unbekannt	—	braune, rostfarbene Flecke im Fleisch	—	—	—
Schorf	*Actinomyces*-Arten	—	abnorme Korkbildung der Schale von verschiedener Form und Ausdehnung	—	alkalische Düngemittel	frische Ätzkalkdüngung bei jedesmaligem Anbau von Kartoffeln
Kartoffelkrebs	Pilz *Chrysophlyctis endobiotica*	blumenkohlartige Wucherungen an den Knollen und seltener an den unteren Stengelteilen		Juli – Oktober	schlechte Bodenbearbeitung, zu häufiger Nachbau von Kartoffeln	Anbau widerstandsfähiger Sorten

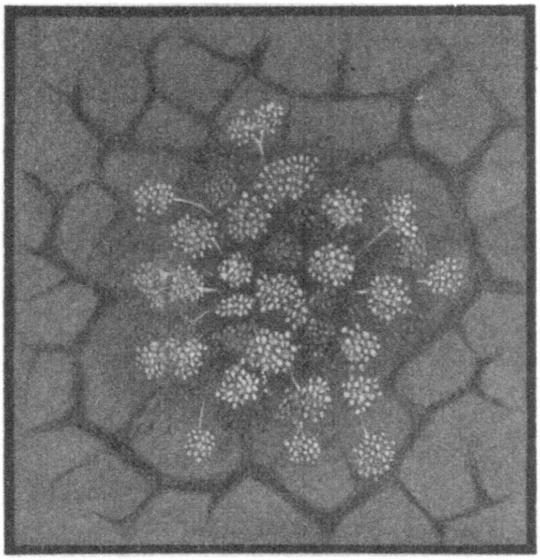

Abb. 9. Lupenbild eines Peronospora-Rasens. Orig.

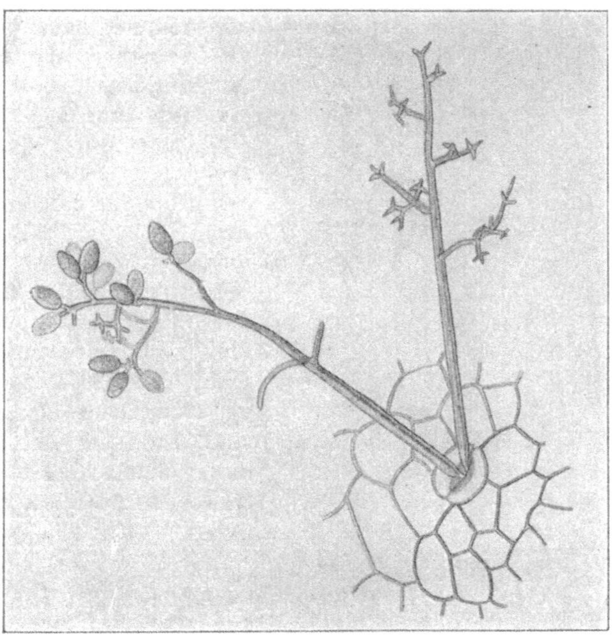

Abb. 10. Falscher Mehltau des Weinstockes. Zwei Konidienträger der *Plasmopara* kommen aus einer Spaltöffnung hervor. An dem Träger rechts sind die Konidien bereits abgefallen. $^{200}/_{1}$.

einige Tage nach der Infektion eintretenden Blattflecke kommen die Konidienträger zu mehreren aus den Spaltöffnungen hervor (Abb. 10) und sind dann als weißer Rasen sichtbar. Die Konidien sind eiförmig, 17—23 μ und 1,3—1,7 μ breit. Im Innern der Blätter bilden sich außerdem noch Eisporen (Oosporen) mit einer glatten, bräunlichen Haut, die 3—38 μ Durchmesser besitzen.

Diese Oosporen fallen mit den Blättern ab, überwintern, keimen im Frühjahre nach Verwitterung des sie einschließenden Blattgewebes und stecken die jungen Rebblätter wieder an.

Als bestes Mittel zur Bekämpfung der Blattfallkrankheit hat sich das mehrmalige Bespritzen der Blätter mit Kupferkalkbrühe oder anderen kupferhaltigen Mitteln erwiesen. Bei der Ausführung ist darauf zu achten, daß die Blattunterseiten möglichst von der Flüssigkeit getroffen werden. — Außerdem ist im Herbste das abgefallene Laub möglichst gründlich zu vernichten, und im Frühjahre sind die Reben rechtzeitig aufzubinden, da die am Boden befindlichen Blätter am ersten befallen werden.

Taschenkrankheit der Pflaumen (Abb. 11).

Als „Narren“ oder „Taschen“ sind Pflaumenfrüchte (Zwetschgenfrüchte) bekannt, welche keinen Stein enthalten und eine unförmliche Gestalt angenommen haben (Abb. 11 *a*). Die Krankheit ist besonders im Juni-Juli fast überall zu finden; sie wird verursacht durch *Exoascus Pruni* Fuck. Die mikroskopische Betrachtung von Schnitten durch derartig kranke Früchte lehrt, daß dieselben dicht mit einem Pilzgeflecht durchzogen sind. Wenn man gegen Ende der Pilzentwicklung die Früchte untersucht, findet man, daß die Pilzfäden nach der Oberfläche durchgebrochen sind und hier keulenförmige, dicht nebeneinander gestellte Schläuche (Asci) hervorgetrieben haben (Abb. 11 *b*); in jedem Schlauch werden acht Sporen erzeugt. Meist sind auch die den kranken Früchten zugehörigen Zweige von dem Myzel durchwuchert, und es kommt vor, daß auch sie deformiert

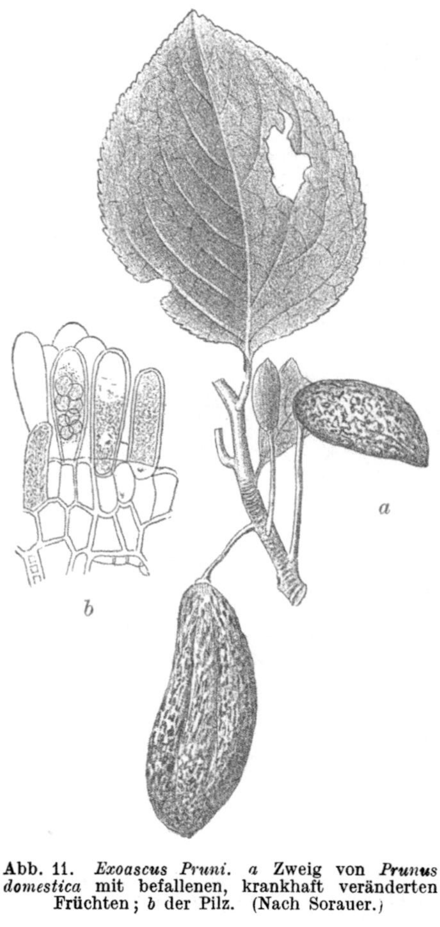

Abb. 11. *Exoascus Pruni*. *a* Zweig von *Prunus domestica* mit befallenen, krankhaft veränderten Früchten; *b* der Pilz. (Nach Sorauer.)

sind. Die Überwinterung findet im Weichbaste solcher Zweige statt, aus denen das Myzel im Frühjahre wieder in die Fruchtanlagen hineinwächst.

Meist genügt zur Bekämpfung ein gründliches Absammeln und Vernichten der Taschen.

Fleckenkrankheiten des Klees (Abb. 12).

Die Blätter des Klees und der Luzerne sind sehr oft über und über mit zahllosen kleinen, braunen Flecken bedeckt. Diese werden hervorgerufen durch einen parasitären Scheibenpilz: *Pseudopeziza Trifolii* Fuck., dessen Fruchtkörper mittels des Mikroskops leicht aufzufinden und zu erkennen sind. Das Myzel des Pilzes durchwuchert das Blattgewebe. Die Fruchtkörper werden direkt unter der Blattepidermis angelegt und kommen auf den Blattflecken sowohl aus

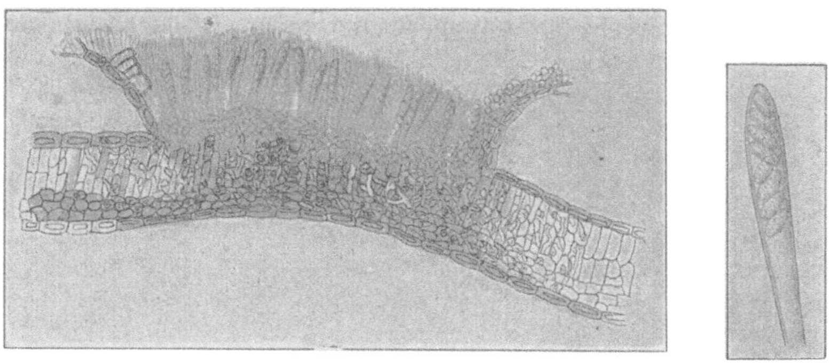

a b

Abb. 12. *Pseudopeziza Trifolii*. *a* Blattquerschnitt mit einem reifen Apothezium. $^{120}/_{1}$. *b* einzelner Schlauch mit Sporen. $^{500}/_{1}$.

der Ober- wie Unterseite hervor. Sie werden als Apothezien bezeichnet und bilden eine graugelbliche, wachsartig weiche, flache, runde Scheibe von $^1/_4$ bis $^1/_2$ mm Durchmesser, die aus zahllosen, dicht nebeneinander stehenden, vertikal gerichteten Sporenschläuchen besteht, zwischen denen sich fadenförmige Paraphysen befinden.

Die Schläuche sind keulenförmig und enthalten acht elliptische, einzellige, farblose Sporen, die aus den Schläuchen, sobald sie reif sind, in die Luft geschleudert werden. Durch diese Sporen wird die Verbreitung des Pilzes bewirkt. (Angeblich bringt der Pilz außer den Apothezien zeitweise auch noch eine Konidienform [*Sporonema*] mit sehr kleinen, eiförmigen, einzelligen, farblosen Konidien hervor.) Bei starkem Auftreten des Pilzes wird der Klee in seiner Entwicklung nicht unbeträchtlich geschädigt, da die befallenen Blätter vorzeitig vergilben und verwelken.

Eine ähnliche Schädigung des Klees, die durch die zahlreichen schwarzen, glanzlosen, etwa 1 mm großen Flecken kenntlich ist, wird durch den Pilz *Phyllachora trifolii* Fuck., zu dem als Konidienform *Polythrincium trifolii* Kze. gehört, hervorgerufen.

Runzelschorf des Ahorns (Abb. 13).

Im Frühjahre gelangen die Sporen des Pilzes *Rhytisma acerinum* Fr. durch den Wind auf die jungen Blätter des Ahorns, wachsen in dieselben hinein und erzeugen gelbe Flecken. Auf diesen treten sehr bald schwarze Punkte auf, die sich rasch vergrößern und zusammenfließen, so daß die ganzen Flecken kohlschwarz werden und nur von einem schmalen, gelben Saum umgrenzt bleiben. In diesem Stadium sind die Flecke, die die Größe eines Zweipfennigstückes haben, sehr in die Augen fallend und charakteristisch. Oft finden sich auf jedem Blatte mehrere solcher Flecke, so daß das ganze Laub der Bäume schwarz getupft erscheint. Das schwarze Aussehen rührt daher, daß sich das im Blattgewebe sehr reich entwickelnde Pilzmyzel unmittelbar unter der Epidermis als schwarzes, aus kleinzelligem Pseudoparenchym bestehendes sklerotiumartiges Stroma ausbildet. Auf den

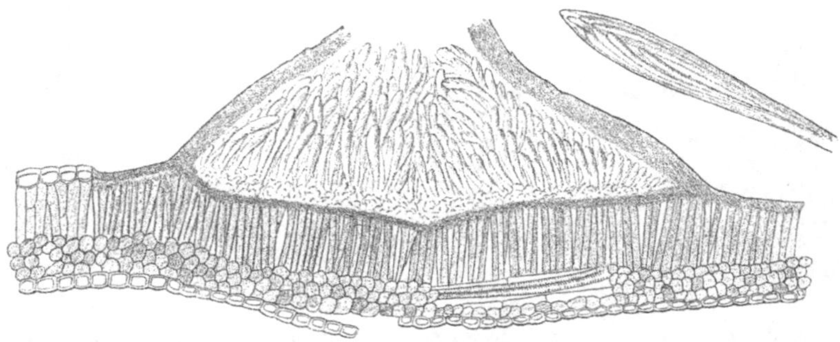

Abb. 13. *Rhytisma acerinum.* Schnitt durch ein reifes Apothezium und das Blatt, auf dem es sitzt. $^{200}/_{1}$. Rechts oben ein einzelner Schlauch mit seinen acht Sporen. $^{580}/_{1}$.

Blattflecken entstehen zunächst kleine, halbkugelige Sporenbehälter, sog. Pykniden, die in ihrem Innern sehr kleine, farblose, einzellige, stäbchenförmige Sporen entwickeln. (Dieser Pyknidenzustand des Pilzes wurde früher *Melasmia acerinum* Lév. genannt.) Die Pykniden verschwinden alsbald wieder, und nun beginnt die Anlage der Apothezien. Der ganze Fleck erhält ein gehirnartig gerunzeltes Aussehen; daher die Bezeichnung „Runzelschorf". Jede Runzel ist ein junges Apothezium. In demselben werden zunächst nur die vertikal gestellten, fadenförmigen, farblosen Paraphysen gebildet. In diesem Zustande befindet sich der Pilz, wenn die Blätter im Herbste abfallen. Erst im Frühjahre entwickeln sich auf den am Erdboden liegenden, faulenden Blättern in den Apothezien zwischen den Paraphysen zahlreiche keulenförmige Schläuche und in diesen je acht fadenförmige, farblose, einzellige Sporen (Abb. 13). Sobald die Apothezien reif geworden sind, was im Mai der Fall ist, öffnen sie sich in ihrer ganzen Länge. Die Sporen werden mit großer Gewalt aus den Schläuchen in die Luft geschleudert und gelangen nun auf die jungen Ahornblätter. An den verschiedenen Ahornarten treten sogen. spezialistische Formen des Pilzes auf.

Man kann diese Blattfleckenkrankheit dadurch unterdrücken, daß man die am Erdboden liegenden befallenen Ahornblätter untergräbt oder zusammenharkt und entfernt und damit den Krankheitsherd beseitigt.

Mehltau des Getreides und der Gräser (Abb. 14 u. 15).

Auf den Scheiden und Blättern unserer Getreidearten und einer ganzen Anzahl von Gräsern findet man häufig weißliche, schimmelartige Flecke auf den Blattscheiden und Blättern, die anfangs spinnwebartig dünn und gleichmäßig sind; später verdichten sie sich zu bräunlichen oder grünweißen Polstern. Der weißliche Überzug besteht aus den zahlreichen farblosen Myzelfäden von *Erysiphe graminis* D. C., die die Oberfläche des Pflanzengewebes überziehen und sich durch Haustorien ernähren. Die Schädigung, die sie hierbei hervorrufen, gibt sich dadurch zu erkennen, daß die befallenen Teile mißfarbig werden und

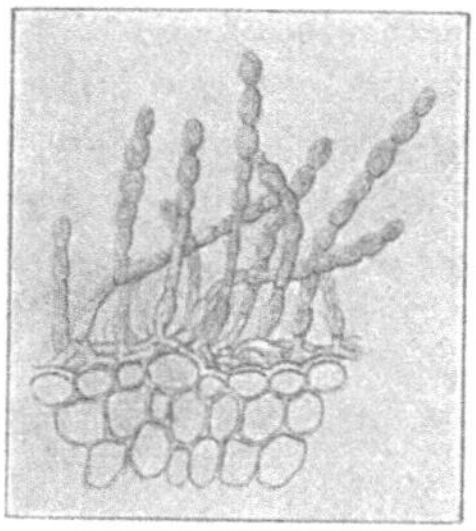

Abb. 14. *Erysiphe graminis.* **Konidienform. Aus dem auf der Epidermis der Nährpflanze hinkriechenden Myzel erheben sich die Träger mit den kettenförmig sich abschnürenden Konidien.**

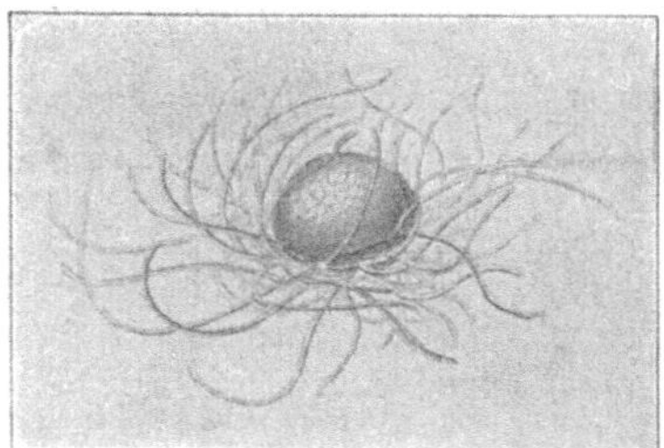

Abb. 15. *Erysiphe graminis.* **Perithezie. Kugelige Kapselfrucht mit zahlreichen braunen Stützfäden.**

dann bald vertrocknen. Aus den Myzelfäden erheben sich zahlreiche Konidienträger, die an ihrer Spitze reihenweise ovale Konidien abschnüren (Abb. 14); diese Konidien sind sofort keimfähig und dienen der Verbreitung des Pilzes während des Sommers. Wenn dann das Myzel sich stellenweise verdichtet hat, erkennt man in den entstandenen kleinen Polstern schwarze Pünktchen, die sich unter dem Mikroskop als die Schlauchfrüchte — Perithezien — des Pilzes zu erkennen geben; sie sind die Überwinterungsform des Mehltaues und erreichen ihre Reife erst im nächsten Frühjahre auf dem toten Substrate. Dann stellen sie kleine schwarzbraune, kugelförmige Kapseln mit zahlreichen dunklen Anhängseln dar (Abb. 15), die mehrere Schläuche mit je vier bis acht länglichrunden, einzelligen, farblosen, ziemlich dickwandigen Sporen enthalten.

Erysiphe graminis D. C. besitzt, ähnlich wie die Rostpilze, sogenannte „spezialisierte Formen", d. h. Formen, die morphologisch nicht zu unterscheiden sind, sich aber biologisch verschieden verhalten, indem sie an bestimmte Gruppen von Nährpflanzen gebunden sind.

Echter Mehltau des Weinstockes (Abb. 16, 17 u. 18).

Der Mehltau des Weinstockes wird durch *Uncinula necator* (Schw.) Burril verursacht. Das Myzel dieses Pilzes, an dem sehr bald die Konidien (*Oidium Tuckeri* Berk., Abb. 16) entstehen, bildet zunächst weiße Flecke, überzieht aber bald flächenweise die jungen Reben, Beeren und Blätter, so daß sie wie mit Asche bestreut aussehen (daher auch der Name Äscherich). Später bräunt sich das Gewebe der erkrankten Stellen. Die Beeren werden am Weiterwachsen gehindert und platzen auf, so daß die Kerne zutage treten; später trocknen sie ein oder verfaulen, je nachdem das Wetter trocken oder feucht ist. Die mikroskopische Untersuchung ergibt ein Pilzmyzel, mit dem die Epidermis der befallenen Pflanzenteile überzogen und das durch

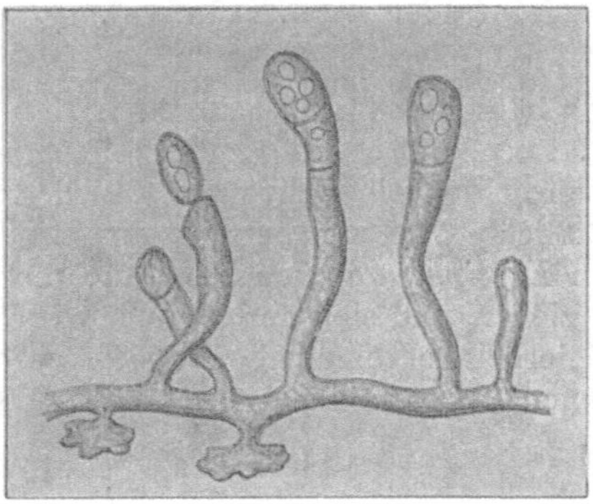

Abb. 16. Mehltau des Weinstockes. An dem querliegenden Myzelaste sind nach unten zwei Appressorien, nach oben fünf Konidienträger in verschiedenen Entwicklungsstadien zu sehen.

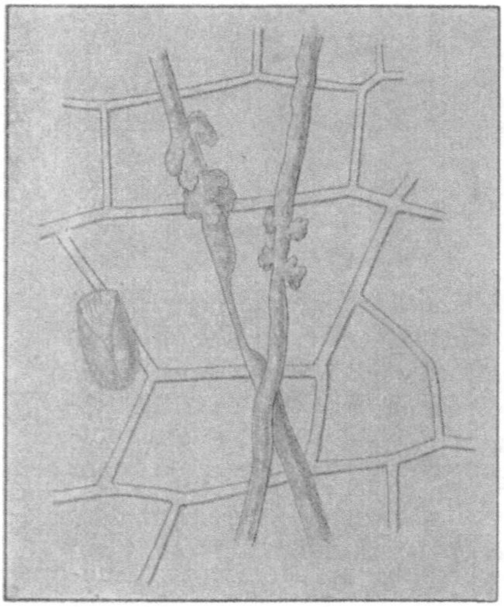

Abb. 17. Überwinterungsmyzel von *Uncinula necator*. Links eine tote Konidie.

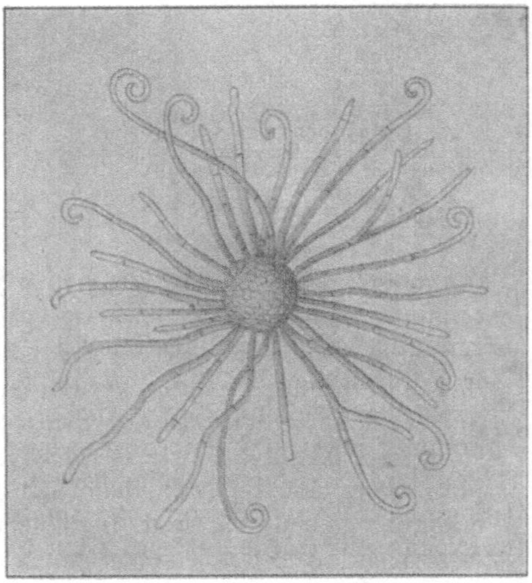

Abb. 18. Perithezie von *Uncinula necator*. (Nach Viala.)

lappige Fortsätze (Appressorien) angeheftet ist. Die Ernährung vollzieht sich durch die aus den Appressorien in die Zellen eindringenden Haustorien. An aufgerichteten Trägern werden eirunde Konidien in großer Menge abgeschnürt, die sehr leicht keimen und dadurch die

Verbreitung des Pilzes während des Sommers besorgen. Die Überwinterung des Pilzes kann entweder durch Myzelteile oder durch Perithezien erfolgen. Die Überwinterungsmyzelien sind kräftiger als die konidienabschnürenden Pilzfäden und dadurch ausgezeichnet, daß sie unregelmäßige Haustorien zu Knäueln gehäuft tragen (Abb. 17). Diese am einjährigen Rebholze aufgefundenen Dauermyzelien wachsen im nächsten Frühjahre zu normalen Pilzfäden aus.

Die Perithezien, die bei uns bis jetzt nur selten aufgefunden wurden, sind dunkelgefärbte, runde, etwas plattgedrückte Gehäuse, die mehrere achtsporige Schläuche enthalten. Außerdem sind sie mit einfachen oder gegen das Ende zu dichotom geteilten Anhängseln, die an der Spitze eingerollt sind, versehen (Abb. 18).

Auf dem Mehltau schmarotzt ein ihm nahe verwandter Parasit, eine zu den Pyrenomyzeten gehörige *Cincinnobolus*-Art.

Die Bekämpfung des Mehltaupilzes erfolgt durch Überpudern der befallenen Blätter usw. mit Schwefelpulver. Um die überwinternden Organe zu vernichten, ist ein Anstreichen der Rebteile im ersten Frühjahre mit Eisenvitriollösung zu empfehlen. Dieses Mittel hat jedoch nur dann einen Zweck, wenn es auf weite Strecken hin angewandt wird, da es die Pflanzen nicht gegen eine spätere Infektion durch die Konidien schützt.

Weinstockpilz oder Wurzelpilz der Reben (Abb. 19).

Unter diesem Namen versteht man im allgemeinen die schimmelartige Wucherung des Pilzes *Dematophora necatrix* Hart., wenn auch bekannt ist, daß das Myzel anderer parasitischer Pilze, wie z. B. *Armillaria mellea*, ähnliche Erscheinungen hervorruft.

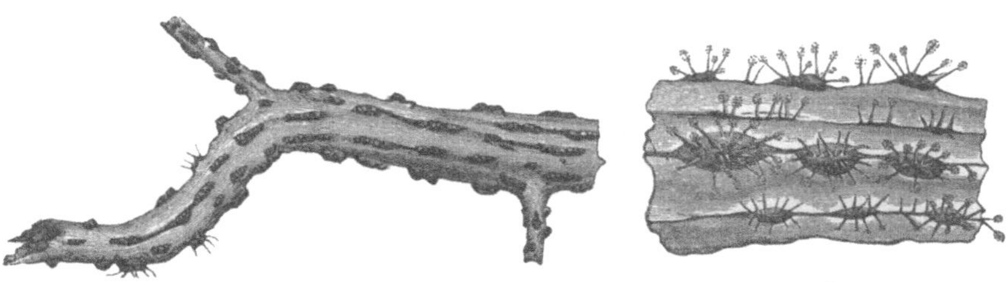

Abb. 19. 1. Ein Stück Weinstockwurzel, mit Myzellager oder sklerotienartigen Knollen des Wurzelpilzes besetzt, von welchen einige bereits borstenähnliche Konodienfruchtträger entwickelt haben. Natürl. Größe. 2. Ein Teil von 1 nach Ausbildung der Konidien. 5/1. (Nach Hartig.)

Das Bild, welches die durch diesen Pilz erkrankten Weinstöcke zeigen, ist dem der von der Reblaus befallenen ähnlich. Es erkranken meist zunächst einzelne Stöcke, von denen aus nach und nach immer mehr die benachbarten angesteckt werden, so daß mehr oder weniger kreisförmige Infektionsbezirke zu erkennen sind. Die Weinstöcke selbst zeigen alle die Erscheinungen, die durch Ernährungsstörungen hervorgerufen werden; die Triebe entwickeln sich nur kümmerlich und bringen nur kleine, oft gekräuselte Blätter hervor, die leicht gelb werden und gewöhnlich viel eher als die der gesunden Stöcke abfallen. Versucht man den Stock herauszuziehen, so gibt derselbe leicht nach, da er nicht mehr festgewurzelt ist.

Die Wurzeln riechen dumpfig-schimmelig und lassen schon mit bloßem Auge einen mehr oder weniger dichten, weißen, filzigen Überzug erkennen, der sich unter dem Mikroskop als ein Gewirr von Myzelfäden entpuppt. Allmählich werden diese Myzelfäden stellenweise dunkler, und es entstehen aus ihnen in ziemlich regelmäßiger Anordnung in Rindenrissen des unteren Stammes und auf der Wurzelrinde festere Körper, Myzellager oder Sklerotien.

Diese tragen die dünnen, borstenförmigen Fruchtträger, die an ihrem oberen Teile rispig verzweigt sind und farblose, eiförmige Sporen (Konidien) hervorbringen.

Die Folge der Tätigkeit der *Dematophora necatrix* Hart. ist ein Abfaulen der Wurzeln und damit ein Absterben des Stockes durch Vertrocknung. Die Zeit, die von der Infektion bis zum Tode des Stockes vergeht, ist je nach den äußeren Verhältnissen verschieden; denn es ist ein Krankheitsverlauf von wenigen Monaten bis zu fünf oder sechs Jahren beobachtet worden. Immer aber leidet auch bei den langsam verlaufenden Fällen die Fruchtbarkeit schon nach dem ersten Jahre.

In seinem Vorkommen ist der Wurzelpilz durchaus nicht an den Weinstock gebunden, vielmehr kommt er auf den Wurzeln der verschiedensten Pflanzen vor. Bedingung für seine Entwicklung ist ein bestimmter Grad von Feuchtigkeit.

Daher ist das zuerst anzuwendende Gegenmittel möglichste Entwässerung des Bodens, und oftmals gelingt es schon hierdurch, ein Weiterumsichgreifen dieses gefährlichen Weinbergfeindes zu verhüten. Ferner sind alle Stöcke, bei denen die Krankheit weiter fortgeschritten ist, auszureißen und zu verbrennen, der Boden aber am besten mit Schwefelkohlenstoff (etwa 50 g auf den Quadratmeter) zu durchtränken. Bei Neuanlagen auf einmal infiziert gewesenen Böden ist möglichst alle fäulnisfähige Substanz zu vermeiden, was dadurch geschieht, daß das zu verwendende Blindholz mit möglichst wenig altem Holze geschnitten, daß der Boden von allen Wurzeln gesäubert wird, daß die Rebpfähle an ihrem unteren Ende entweder angekohlt oder mit Kupfervitriol imprägniert werden und als Dünger entweder Kunstdünger oder doch gut verwitterter Stalldünger Verwendung findet.

Mutterkorn (Abb. 20 u. 21).

Der Mutterkornpilz (*Claviceps purpurea* Tul.) kommt auf verschiedenen Gräsern, besonders häufig aber an den Ähren des Roggens vor; nach langen Forschungen wurde erkannt, daß dieser Pilz nacheinander in drei durchaus verschiedenen Formen auftritt, nämlich:

1. als **„Honigtau“** (Abb. 20). Unter Honigtau (früher *Sphacelia segetum* Lév. benannt) versteht man die Erscheinung, daß in jungen Getreideähren sich Tropfen eines süßen, zähen, gelblichen Schleims bilden. Nimmt man einen solchen Tropfen unter das Mikroskop, so sieht man in ihm massenhaft kleine, elliptische Zellchen schwimmen: das sind die Sporen des Honigtaues, welche von einer schimmel-

ähnlichen Lage von Pilzfäden erzeugt werden. Die dicke Flüssigkeit, die nur bei warmem Wetter reichlich erscheint, ist nach neueren Untersuchungen Narbenflüssigkeit, die durch den vom Pilz ausgeübten Reiz reichlicher ausfließt. Die Sporen werden von Insekten, die dem Honigtau nachgehen, auf andere Blüten überführt und tragen hauptsächlich zur Verbreitung des Pilzes bei. Sie keimen unter günstigen Verhältnissen schon nach fünf bis sechs Stunden, und das aus ihnen erwachsende Myzel schnürt bereits nach acht Tagen neue Konidien ab.

2. als **Sklerotium** (vgl. Abb. 21, [1]). Das zweite Entwicklungsstadium des Mutterkornpilzes geht aus der von Pilzfäden vollkommen durchsetzten und erfüllten Fruchtknotenbasis der Getreide-

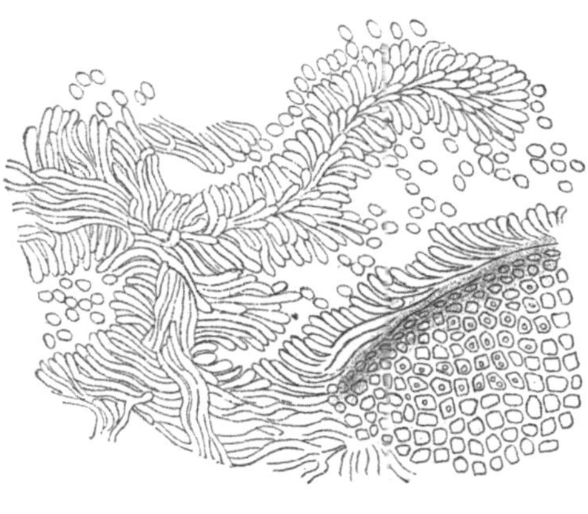

Abb. 20. Mutterkornpilz im ersten Entwicklungsstadium (Honigtau). Ein junges Sklerotium ist bedeckt mit schlauchförmigen Zellen, welche ovale Sporen abschnüren. (Nach Kny.)

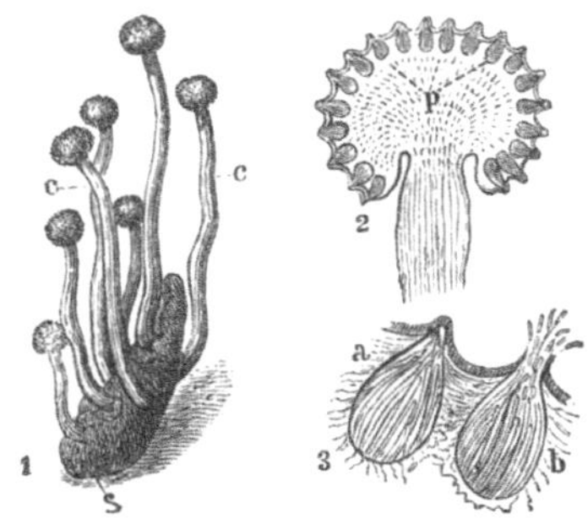

Abb. 21. Mutterkornpilz im dritten Entwicklungsstadium. 1. Sklerotium mit Pilzfrüchten (natürl. Größe). *s* Sklerotiumlager, *c* Fruchtköpfchen des Mutterkornpilzes. 2. Ein Fruchtköpfchen vergrößert im Vertikaldurchschnitt, Fruchtbehälter [Perithezien (*p*)] zeigend. 3. Perithezium, stark vergrößert, achtsporige Sporenschläuche enthaltend. *a* noch geschlossene Perithezie, *b* geöffnete Perithezie, Sporen auswerfend.

pflanze hervor. Es entwickelt sich ein oft 2 cm und mehr langer Körper, der in seinem Innern aus einem pseudoparenchymatischen Pilzgewebe besteht, dessen Fäden dickwandig und mit fettem Öle erfüllt sind. Bedeckt ist dieser Kern von einer rötlichbraunen, oft rissigen Rindenschicht. Man nennt solche Dauerzustände von Pilzen Sklerotien und kennt ähnliche aus sehr vielen verschiedenen Verwandtschaftsgruppen. Das Sklerotium von *Claviceps purpurea* Tul. ist das in den Apotheken gebräuchliche und allgemein bekannte „Mutterkorn", das das giftige Ergotin enthält und dessen Genuß im Brot die Ursache der im Mittelalter als furchtbare Epidemien aufgetretenen „Kriebelkrankheit" („St. Antoniusfeuer") ist.

3. als **ausgebildeter Pilz** (Abb. 21). Das dritte und letzte Entwicklungsstadium tritt außerhalb des Bereiches der Getreideähre auf. Gelangt nämlich das Sklerotium auf feuchte Erde, so löst sich im Frühjahre von der violetten Oberflächenschicht hier und da ein Läpp-

chen ab, und an den entblößten Stellen erscheinen weiße Knöpfchen, die sich später strecken, schmutzig-violett färben und je in einen langen Stiel sowie in einen rundlichen Kopf differenzieren [1]). Diese Form ist der eigentliche *Claviceps,* ein der Klasse der *Pyrenomyceten* angehöriger Pilz. Die Köpfchen sind dicht von Wärzchen bedeckt und enthalten unter jedem Wärzchen einen eiförmigen Fruchtbehälter (Perithezie), welcher mit zahlreichen, gegen den Scheitel konvergierenden, linienförmigen, achtsporigen Schläuchen (Sporenschläuchen) gefüllt ist. Bei der Reife öffnet sich jede Perithezie mit einem Loche inmitten des deckenden Wärzchens. Aus dem oberen Ende des Sporenschlauches treten die fadenförmigen Sporen in Bündeln zusammenhängend aus und schieben sich durch die Perithezienöffnung nach außen. Ein Sklerotium kann 20—30 Fruchtbehälter tragen, die mehr als eine Million Sporen entwickeln. Diese Sporen rufen auf Gräsern wieder Honigtau hervor.

Außer dem typischen *Claviceps purpurea* Tul. unterscheidet man noch einige nahe verwandte Arten, die auf Gräsern, z. B. *Molinia caerulea, Glyceria fluitans* u. a., vorkommen, aber nicht auf die Getreidearten übergehen. Andererseits kann aber das Mutterkorn des Getreides eine Reihe von Gräsern infizieren, wobei besonders hervorzuheben ist, daß auch Fälle vorkommen, wie *Anthoxanthum odoratum,* in denen nur der Honigtau, nicht aber das Mutterkorn gebildet wird. Natürlich ist dieser Honigtau für Getreide ebenfalls ansteckend. Erwiesen ist die Übertragbarkeit des Roggenmutterkorns auf *Anthoxanthum odoratum, Arrhenatherum elatius, Dactylis glomerata, Hordeum morinum, Festuca pratensis, Briza media, Poa pratensis, Bromus sterilis,* Weizen und Gerste sowie einige praktisch weniger in Betracht kommende Gramineen.

Die Bekämpfung des Mutterkornpilzes hat in der Weise zu geschehen, daß man die Ernte eines mit Mutterkorn befallenen Feldes möglichst frühzeitig vornimmt, um die Sklerotien nicht aus den Ähren ausfallen zu lassen, daß man die ausgedroschenen Mutterkornsklerotien durch gründliches Putzen von den Getreidekörnern trennt und sie tief eingräbt oder in die Jauchegruben schüttet, wo sie verfaulen. Ferner aber mähe man die in der Umgebung der Getreidefelder, z. B. an Rainen, vorhandenen wilden Gräser vor der Blüte, damit sich nicht von ihnen aus der Honigtau auf das Getreide verbreite. Wo aber Mutterkorn reichlich auftritt, sollte man es unter den heutigen Verhältnissen stets sammeln und verwerten. Man verhindert dadurch die Verbreitung und schafft gleichzeitig Nutzen.

Steinbrand des Weizens (Abb. 22 *a, b* u. 23).

Der Steinbrand des Weizens wird hervorgerufen durch den zu den Ustilagineen gehörenden Pilz *Tilletia tritici* Wtr., bei uns seltener durch dessen nahen Verwandten *Tilletia laevis* Kühn. Die Erscheinung der Krankheit besteht darin, daß die Ähren an Stelle der normalen Körner Brandkörner tragen. Diese sind ihrer Form nach meist kürzer und dicker als die normalen, sind grauschwarz, und da sie dadurch dunkel durch die Spelzen schimmern, erscheint die ganze Ähre meist etwas rauchgrau. Nicht immer sind aber alle Körner einer Ähre

[1]) Will man diese Keimung experimentell ausführen, so ist es von besonderem Vorteil, die Sklerotien im Freien zu überwintern, da sie viel leichter keimen, wenn sie vorher der Kälte und Feuchtigkeit des Winters ausgesetzt waren.

brandig, sondern häufig beschränkt sich die Erkrankung auf einzelne Körner. Angefüllt sind diese kranken Körner mit einem dunkelbraunen, sich fettig anfühlenden Pulver, das aus zahllosen Sporen des Pilzes besteht. Diese Sporen sind bei *Tilletia tritici* Wtr. (Abb. 22*a*) von netzig angeordneten Leisten besetzt, die den Rand des Kornes

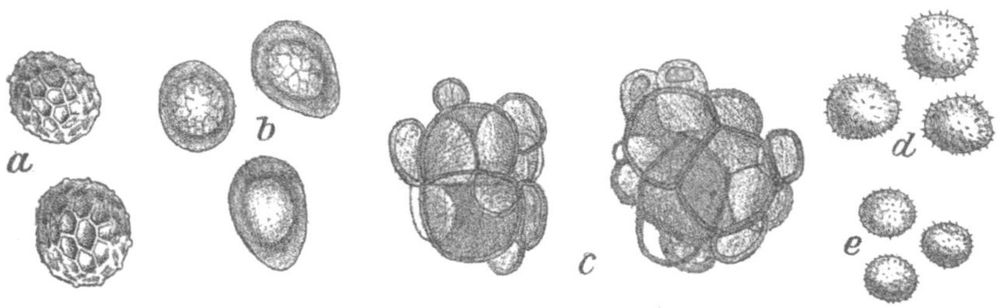

Abb. 22. Brandsporen von: *a Tilletia tritici*, *b T. laevis*, *c Urocystis occulta*, *d Ustilago maydis*, *e U. nuda*. 600/1.

unter dem Mikroskop gezähnt erscheinen lassen; diejenigen von *T. laevis* Kühn (Abb. 22*b*) sind glatt; beide riechen, besonders zwischen den Fingern gerieben, unangenehm nach Heringslake (Trimethylamin). Bringt man die Sporen in Wasser ohne Nährstoffe, so keimen sie in 4 bis 5 Tagen mit einem langen, kräftigen Keimschlauch, der erst, wenn er an die Luft kommt, Konidien entwickelt. In feuchter Luft oder in feuchter Erde wird nur ein kurzer Träger ausgebildet, an dessen Scheitel ein Kranz von Konidien („Kranzkörperchen") entsteht. Häufig sind diese Konidien zu zweien durch eine Brücke verbunden. Diese Konidien keimen ihrerseits wieder und können entweder die Weizenpflanze direkt infizieren, oder aber sie bilden sekundäre Konidien, die die Infektion vermitteln. Diese verschiedenen Stadien sind in Abb. 23 wiedergegeben.

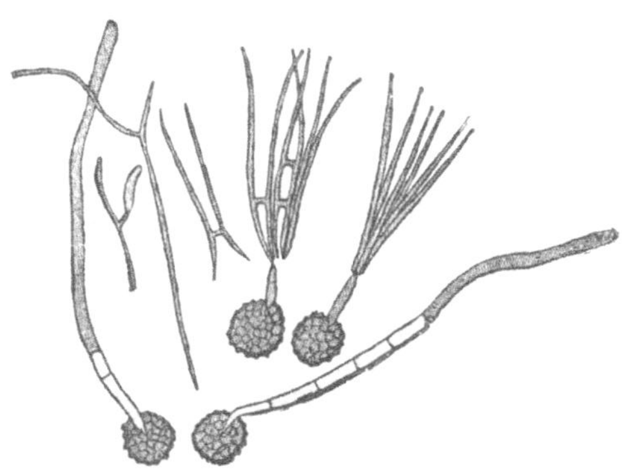

Abb. 23. *Tilletia tritici*. Unten, rechts und links, zwei Sporen, die im Wasser lange Keimschläuche getrieben haben; oben rechts zwei Sporen, die in feuchter Luft kurze Träger entwickelt haben, an denen die meist zu zweien verbundenen Konidien in kranzförmiger Anordnung stehen. Links davon ein solches Paar, dann weiter eine einzelne gekeimte Konidie und endlich eine Tochterkonidie an einem aus einer Primärkonidie entwickelten Myzelstück. (Nach v. Tubeuf.) 300/1.

Die Übertragung des Pilzes kommt in der Weise zustande, daß die Brandkörner, die vor der Ernte nicht ausfallen, mit gedroschen werden und dabei ausstäuben. Die Sporen setzen sich an den Weizenkörnern fest und gelangen so wieder auf das Feld. Dort keimen sie gleichzeitig mit den Saatkörnern, die Keimschläuche ihrer Konidien wachsen in die Keimlinge hinein und leben in den heranwachsenden Pflanzen weiter, bis sie gleichzeitig mit ihrem Wirte ihre Fortpflanzungsorgane bilden.

Ob Weizen Sporen von Steinbrand enthält, erkennt man entweder an den beigemischten Brandkörnern oder aber bei geringeren Infektionen dadurch, daß man eine Probe Weizen mit Wasser ausschüttelt, das Wasser zentrifugiert und den Zentrifugenschlamm auf das Vorhandensein von Sporen mikroskopisch untersucht. Auf diese Weise lassen sich noch die geringsten Beimengungen feststellen.

Aus diesem Überblick über die Lebensweise des Pilzes ergibt sich seine Bekämpfung, die darin besteht, daß man das Saatgut von den anhaftenden Steinbrandsporen befreit. Die üblichsten Mittel sind das Beizen des Saatgutes mit Kupfervitriollösung unter nachfolgender Kalkung, Bekrusten mit Bordelaiser Brühe, das Beizen mit 0,1prozentiger Formaldehydlösung (10 Minuten lang) oder mit den neueren quecksilberhaltigen Mitteln (Uspulun, Germisan). Wichtig ist bei Anwendung aller dieser Mittel, viel Flüssigkeit zu verwenden und alle aufsteigenden Brandkörner abzuschöpfen, da die geschlossenen Brandkörner nicht immer sicher abgetötet werden und noch zu Infektionen Anlaß geben können.

Flug- oder Staubbrand des Getreides (Abb. 22*e*).

Während man früher den Flugbrand der verschiedenen Getreidearten als eine einheitliche Art (*Ustilago carbo* Tul.) auffaßte, unterscheidet man jetzt eine ganze Reihe von Formen, die sich zum Teil morphologisch und biologisch so verschieden verhalten, daß sie als gute Arten angesehen werden müssen. Die hauptsächlichsten sind: *U. tritici* Jens., *U. avenae* Jens. und *U. hordei* Bref., von denen die beiden ersten auf die in ihrem Namen zum Ausdrucke kommenden Nährpflanzen und die letzte auf Gerste beschränkt sind.

Von dem Steinbrand des Weizens unterscheiden sich die Flugbrandarten dadurch, daß sie schon während des Sommers die Umhüllung des Kornes zerstören und ausstäuben.

Biologisch zerfallen sie in zwei Gruppen, nämlich in die mit Blüteninfektion und die mit Keimlingsinfektion. Die Angehörigen der ersten Gruppe keimen mit einfachem Myzel, die der letzteren mit einem konidienentwickelnden Promyzel. Zu der ersteren gehören *U. tritici* Jens. und *U. hordei* Bref., zu letzterer *U. avenae* Jens.

Die Blüteninfektion besteht darin, daß die Sporen in die Blüte hineinstäuben, sofort keimen und ihre Keimschläuche durch den Griffel in den Fruchtknoten hineinsenden. Dieser wird zunächst nicht geschädigt, sondern reift zu einem scheinbar gesunden Korn heran. In diesem läßt sich jedoch Myzel nachweisen, und zwar befindet es sich hauptsächlich im Schildchen, von wo es bei der Keimung in das dem Vegetationspunkt zunächst gelegene Gewebe hineinwächst. Im Schildchen ist es meist in Nestern vorhanden und stellt kurze, unregelmäßig gewundene, dicke Fadenstücke dar, die interzellular wachsen; in dem Keimling findet es sich dann, besonders in der Nähe der Gefäßbündel, reichlicher. In der heranwachsenden Pflanze entwickelt sich das Myzel weiter und schreitet in den Blütenständen des Weizens bzw. der Gerste zur Sporenbildung, wobei es diese in die bekannten schwärzlichen, mit den abstäubenden Sporen bedeckten Brandähren verwandelt.

Die Keimlingsinfektion ist beim Flugbrande des Hafers die gewöhnliche Vermehrungsart; zwar ist auch *Ustilago avenae* Jens. vielleicht befähigt, Blüteninfektion hervorzurufen, doch haften seine Sporen im allgemeinen den Samen äußerlich oder zwischen den Spelzen an, um erst bei der Aussaat zu keimen und in den Keimling einzudringen. Diese Art keimt mit einem kurzen Promyzel, an dem sich reichlich Konidien entwickeln; diese vermehren sich entweder durch Sprossung hefeartig oder treiben einen Keimschlauch. Im übrigen verläuft das Leben des Pilzes in der Pflanze wie bei den übrigen Brandarten. In ihrer ganzen Biologie schließen sich dem Haferflugbrand der Hart- oder Schwarzbrand der Gerste (*Ustilago Jensenii* Rostr.) und der gedeckte Haferbrand (*Ustilago laevis* [Kellerm. et Sw.] Magn.) eng an, deren Sporen erst nach der Blütezeit reif werden, weshalb diese beiden Arten völlig auf eine Keimlingsinfektion angewiesen sind.

Für die Untersuchung der verschiedenen hier erwähnten Brandarten sei darauf hingewiesen, daß *Ustilago tritici* Jens. und *hordei* ihre Keimfähigkeit nur wenige Monate behalten, während die anderen Arten bei trockener Aufbewahrung mindestens ein Jahr lang normal keimen.

Die Bekämpfung des Flugbrandes von Weizen und Gerste wird in der Weise durchgeführt, daß das Saatgut zunächst 4 Stunden lang in Wasser von 20—30° eingequollen und dann entweder 7—10 Minuten lang mit Wasser von 50—52° oder auf Trockenapparaten so weit behandelt wird, daß es ungefähr dieselbe Zeit die gleiche Temperatur annimmt.

Im übrigen sei auf die Tabelle auf Seite 24 verwiesen.

Maisbrand (Abb. 22*d*).

An den verschiedensten Stellen der Maispflanze findet man häufig Beulen von verschiedenster Größe, die mit einer weißgrau glänzenden Haut überzogen und mit einem braunschwarzen Pulver angefüllt sind. An den Stengelteilen erreichen diese Brandbeulen oft die Größe eines Kinderkopfes, während sie an einzelnen Blütenteilen nur haselnußgroß und noch kleiner sind. Die Sporen des Pilzes (*Ustilago Maydis* Tul.), der diese Krankheit verursacht, sind mehr oder weniger rund mit einem Durchmesser von 9—12 μ und dicht mit Stacheln bedeckt. Die Infektion kommt nicht nur durch Sporen, die dem Samen anhaften, zustande, sondern erfolgt auch an allen jüngsten Teilen, wie in den Scheiden wachsender Stengel, in den Blüten, an den Vegetationspunkten usw., wenn dort Sporen auffliegen.

Soweit durchführbar, sollte man alle Beulen ausschneiden; auch ist eine Beizung des Saatgutes mit Kupfervitriollösung und Vermeidung frischen Dunges anzuraten.

Übersicht über die hauptsächlichsten Brandarten unserer Getreidearten.

Getreideart	Art des Brandes	Name des Erregers	Beschaffenheit der Sporen	Keimung der Sporen	Farbe der Sporenmassen	Freiwerden der Sporenmassen	Art der Infektion	Bekämpfung
Weizen	Flugbrand	*Ustilago tritici*	kugelig, fein bewarzt	direkt mit Myzel (ohne Konidien) auskeimend	braun	zur Blütezeit	Blüteninfektion	Benutzung brandfreien Saatgutes. Heißwasser- oder Heißluftbehandlung nach Vorquellen (für den Züchter: rechtzeitiges Ausreißen der Brandpflanzen, isolierte Zucht brandfreier Pflanzen).
	Steinbrand	*Tilletia tritici* (*a*) und *Tilletia laevis* (*b*)	a) kugelig, durch erhabene Leisten gefeldert b) unregelmäßig, kugelig, glatt	mit Promyzel und Konidien (Kranzkörperchen)	schwarzbraun	beim Drusch	Keimlingsinfektion	Beizung des Saatgutes
Gerste	Flugbrand	*Ustilago nuda*	kugelig, fein bewarzt	direkt mit Myzel (ohne Konidien) auskeimend	braun	zur Blütezeit	Blüteninfektion	Benutzung brandfreien Saatgutes. Heißwasser- oder Heißluftbehandlung nach Vorquellen (für den Züchter: rechtzeitiges Ausreißen der Brandpflanzen, isolierte Zucht brandfreier Pflanzen).
	Hart- oder Schwarzbrand	*Ustilago hordei*	unregelmäßig, kugelig, glatt	mit Promyzel und Konidien	schwärzlich	beim Drusch	Keimlingsinfektion	Beizung des Saatgutes
Hafer	Flugbrand	*Ustilago avenae*	kugelig, fein bewarzt	mit Promyzel und Konidien	braun	zur Blütezeit	Keimlingsinfektion	Beizung des Saatgutes
	gedeckter Haferbrand	*Ustilago laevis*	unregelmäßig, kugelig, glatt	mit Promyzel und Konidien	schwärzlich	beim Drusch	Keimlingsinfektion	Beizung des Saatgutes

Roggenstengelbrand (Abb. 22*c*).

Der Roggenstengelbrand, hervorgerufen durch *Urocystis occulta* Rbh., tritt da und dort häufig auf. Er schädigt die Roggenpflanzen dadurch, daß er den Stengel und die in der Entwicklung begriffenen Ähren zerstört. Das Myzel, das sich nach der bei der Keimung des Saatkorns erfolgenden Infektion in der Nährpflanze entwickelt, bringt seine Sporen in Massen in den verschiedensten Teilen des Stengels und der Blätter hervor. Diese Stellen erscheinen als grauschwarz durchschimmernde, etwas verdickte Streifen, die später aufplatzen und die Sporen verstäuben. Die Sporenknäuel bestehen meist aus ein bis drei dunkleren Hauptsporen und zahlreichen helleren Nebensporen (Abb. 22*c*). Die inneren Sporen keimen leicht im Wasser zu einem kurzen Myzelstück aus, das am Ende mehrere zylindrische Konidien entwickelt. Diese Konidien keimen meist am unteren Teile seitlich aus.

Die Bekämpfung des Roggenstengelbrandes gelingt leicht mit denselben Methoden wie die des Weizensteinbrandes.

Getreiderost (Abb. 24—30).

Der Rost der Getreidearten wird von verschiedenen naheverwandten Pilzen hervorgerufen, von denen die häufigsten sind: *Puccinia graminis* Pers. (Schwarzrost), *P. dispersa* Eriks. et Henn. (Braunrost), *P. triticina* Eriks. (Weizenrost), *P. glumarum* Eriks. et Henn. (Gelbrost), *P. simplex* Eriks. et Henn. (Zwergrost), *P. coronata* Eriks. et Henn. (Kronenrost). Ihren Namen haben die Rostpilze

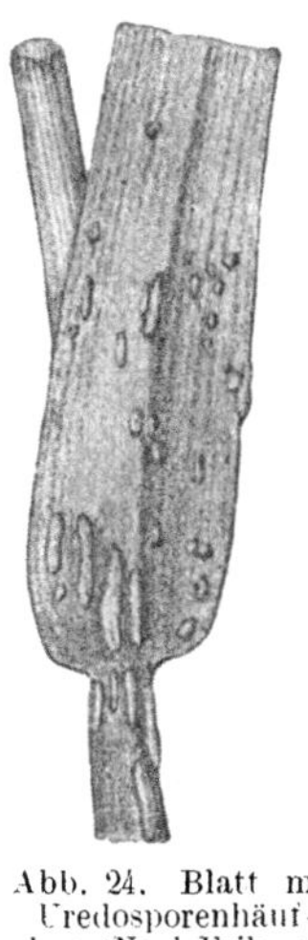

Abb. 24. Blatt mit Uredosporenhäufchen. (Nach Erikson.)

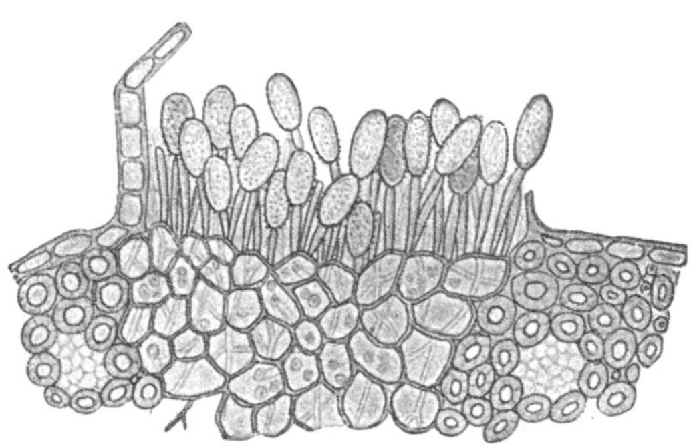

Abb. 25. Uredosporenlager von *Puccinia graminis* auf einem Roggenblatt. $^{250}/_{1}$.

daher, daß sie als rostrote Flecke oder Pusteln an den befallenen Getreidepflanzen erscheinen. Die Pilzfäden durchziehen erst das Gewebe der Nährpflanzen, durchbrechen dann aber in dicht geknäuelten Massen die Epidermis derselben und bilden nun erhabene, staubige Häufchen. Sieht man sich eines derselben von der häufigsten Art, *P. graminis* Pers., im Früh-

Die wichtigsten Unterscheidungsmerkmale der Getreideroste.

	Uredo- und Teleutoform auf	Äzidienform auf	Aussehen der Uredolager	Aussehen der Teleutolager	Aussehen der Uredosporen	Aussehen der Teleutosporen	Die Teleutospore keimt
1. *P. graminis* Schwarzrost	Roggen Gerste Weizen Hafer	Berberis vulg.	2 bis 3 mm lang, beim Zusammenfließen bis 1 cm lang, strichförmig, braun bis ockerfarben	schwarzbraun, strichförmig, zusammenfließend, bisweilen bedeckt bleibend, meist kohlig, pulverig	länglich, stachelig, hellbräunlich, meist 4 Keimporen	langgestielt, spindel- oder keulenförmig, etwas eingeschn., kastanienbr., mit verdickter runder oder spitzer Spitze	Frühjahr;
2. *P. dispersa* Braunrost	Roggen	Anchusa arvensis und officinalis	1 bis 1,5 mm lang, ordnungslos, braun bis ockerfarben	von der Epidermis bedeckt bleibend, glänzend, zerstreut, schwarz, meist blattunterseits	kugelrund bis elliptisch, stachelig, gelb, 8 bis 10 Keimporen	kurzgestielt, keulenförmig, unsymmetrisch	Herbst; Keimschl. farblos
3. *P. triticina* Weizenrost (Braunrost des Weizens)	Weizen	unbekannt	1 bis 1,5 mm (an Keimpflanzen im Herbst bis 2 mm), braun-ockerfarben, ordnungslos	von der Epidermis bedeckt bleibend, glänzend, schwarz, zerstreut	kugelig bis elliptisch, Keimschl. dunkelrot	wie bei *dispersa*	Herbst; Keimschl. farblos
4. *P. glumarum* Gelbrost	Weizen Roggen Gerste	unbekannt	0,5 bis 1 mm lang, linienförmig gereiht und oft zusammenfließend, zitronengelb	von der Epidermis bedeckt bleibend, besonders auf den Blattscheiden, lange, feine, braune bis schwarze Striche bildend	kugelig bis kurz elliptisch, stachelig, gelb, Keimschl. heller rot	kurz gestielt, unsymmetrisch keulenförmig abgeflacht oder mit zwei seitlichen Hörnern	Herbst; Keimschl. gelb
5. *P. simplex* Zwergrost	Gerste	unbekannt	0,3 bis 0,5 mm lang, 0,1 bis 0,2 breit, ordnungslos, zitronengelb	von der Epidermis bedeckt bleibend, äußerst klein, punktförmig	kugelrund bis kurz elliptisch, gelb	gestielt, meist einzellig, asymmetrisch, sackähnlich, abgestutzt oder zugespitzt	Frühjahr; Keimschl. blaß
6. *P. coronifera* Kronenrost	Hafer	Rhamnus cathartica (nicht auf R. frangula)	lebhaft orangefarben, Epidermis blasenartig abhebend	Lager seitlich mehr oder weniger zusammenfließend, ring- oder rautenförmige Figuren bildend, lange (bis Frühjahr) von der Epidermis bedeckt bleibend	kugelig bis kurz elliptisch, gelb, stachelig, 10 Keimporen	mit nach Zahl und Form wechselnden Krönchenfortsätzen	Frühjahr

sommer an, so findet man (Abb. 25), daß dieselben gebildet werden von elliptischen, dünnwandigen Zellen ohne Scheidewand, mit feinstacheliger Membran, die auf dünnen Stielchen stehen. Diese Sporen, die als Uredosporen bezeichnet werden, sind sofort keimfähig und verbreiten die Krankheit, wenn sie vom Winde fortgeführt werden, über weite Strecken der Getreidefelder.

Später im Jahre bilden dann dieselben Pusteln, die erst Uredosporen hervorgebracht hatten, dickwandige, zweizellige Sporen (Abb. 27); diese sind nicht sofort keimfähig, sondern haben den Beruf, den Pilz durch den Winter zu bringen. Solche Sporen werden als Teleutosporen bezeichnet.

Abb. 26. Stengel mit Teleutosporenhäufchen. (Nach Eriksson.)

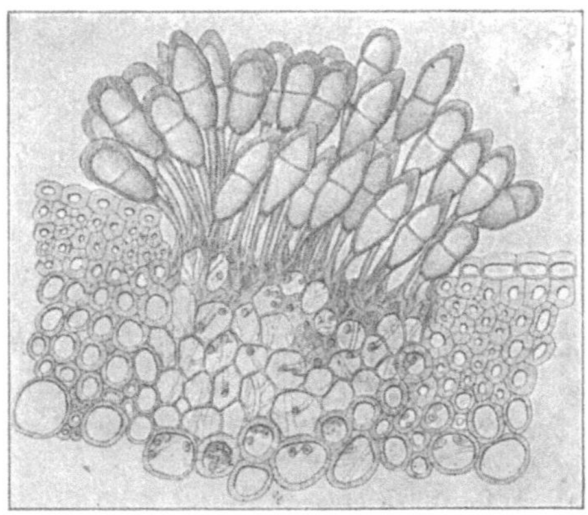

Abb. 27. Teleutosporenlager von *Puccinia graminis* auf einem Roggenstengel. 170/1.

Im Frühjahre keimen die Teleutosporen in der Weise aus (Abb. 29), daß sie durch vorgebildete Keimporen dicke, mit Scheidewänden ver-sehene Schläuche (Promyzelien) heraussenden, an denen auf dünnen Fädchen (Sterigmen) kleine, dünnwandige Sporen (Sporidien, *sp*) entstehen.

Abb. 28. Teleutosporen von *Puccinia coronata*. 170/1.

Diese Sporidien der *Puccinia graminis* Pers. keimen nun nicht wieder auf Gräsern, sondern sie kommen nur zur Entwicklung, wenn sie auf die Blätter des Berberitzen-Strauches (*Berberis vulgaris* L.) gelangen. Hier dringen sie ein und bilden dichte Fadengeflechte, die bald wieder als rote Pusteln erscheinen und zweierlei verschiedene Fruchtbildungen erzeugen. Auf der Oberseite der Blätter (Abb. 30*b*) entstehen krugförmige Behälter, die kleinste Zellchen (Spermatien) hervorbringen. Die Bedeutung dieser Spermatien ist noch unbekannt. Auf der Unterseite dagegen entwickeln sich größere Becher, die in Reihen dichtgedrängt die Aecidiumsporen hervorbringen. Diese Aecidiumsporen sind nur auf Gräsern keimfähig und bringen von neuem die Uredosporenformen hervor.

Wie bei keiner anderen Pilzgruppe ist hier die Spezialisierung entwickelt und studiert. So unterscheidet man zurzeit, um bei dem Beispiele von *P. graminis* Pers. zu bleiben, folgende biologische Formen dieser Art: *P. graminis Secalis, P. gr. Tritici, P. gr. Avenae, P. gr. Airae, P. gr. Agrostis, P. gr. Poae,* von denen allen durch Experimente nachgewiesen ist, daß sie verschiedene Gruppen von Nährpflanzen für die morphologisch nicht unterscheidbaren Uredosporengenerationen haben.

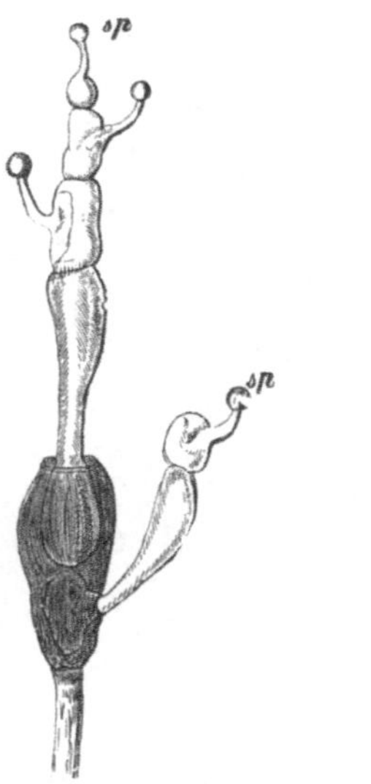

Abb. 29. Keimende Teleutospore mit Promyzelien, welche Sporidien (*sp*) abschnüren. Vergr. 400/1.

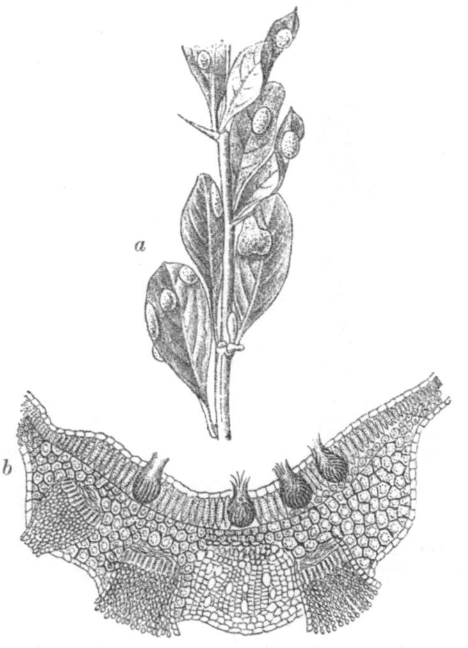

Abb. 30. *Puccinia graminis. a* Äzidien auf einem Zweig von *Berberis vulgaris*; *b* Durchschnitt durch ein solches Aecidium; nach oben die Spermatienbehälter, nach unten die Sporenbecher. (Nach Sorauer.)

Wie *Puccinia graminis* Pers. für ihr Aecidium die Berberitze, so benutzt *P. dispersa* Eriks. et Henn. *Anchusa arvensis* L. und *A. officinalis* L.; *P. coronata* Kleb. hat ihr Aecidium auf *Rhamnus cathartica* L. Zu den übrigen Arten ist bis jetzt ein Aecidium noch nicht bekannt geworden. Die früher als Zwischenformen der Getreideroste angesprochenen Äzidien auf *Symphytum* und *Pulmonaria* gehören zu dem auf *Bromus*-Arten beschränkten Braunrost (*P. Symphyti Bromorum* F. Müll.). — Einen Überblick über die Unterscheidungsmerkmale der einzelnen Getreiderostarten gibt die auf S. 26 abgedruckte Tabelle.

Bei Bekämpfung der Rostkrankheit ist man auf große Schwierigkeiten gestoßen. Die Verbreitung der *P. graminis* Pers. kann zwar durch Wegschaffen der *Berberis*-Sträucher eingedämmt werden; dies ist aber bei *P. dispersa* Eriks.

et Henn. nicht der Fall, weil deren Aecidiumform auf verbreiteten Ackerunkräutern vorkommt. Man hat aber mit Erfolg von der Tatsache Gebrauch gemacht, daß manche Getreidesorten dem Rost starken Widerstand leisten bzw. von demselben nur wenig ergriffen werden, und baut daher in gefährdeten Lagen nur solche Sorten.

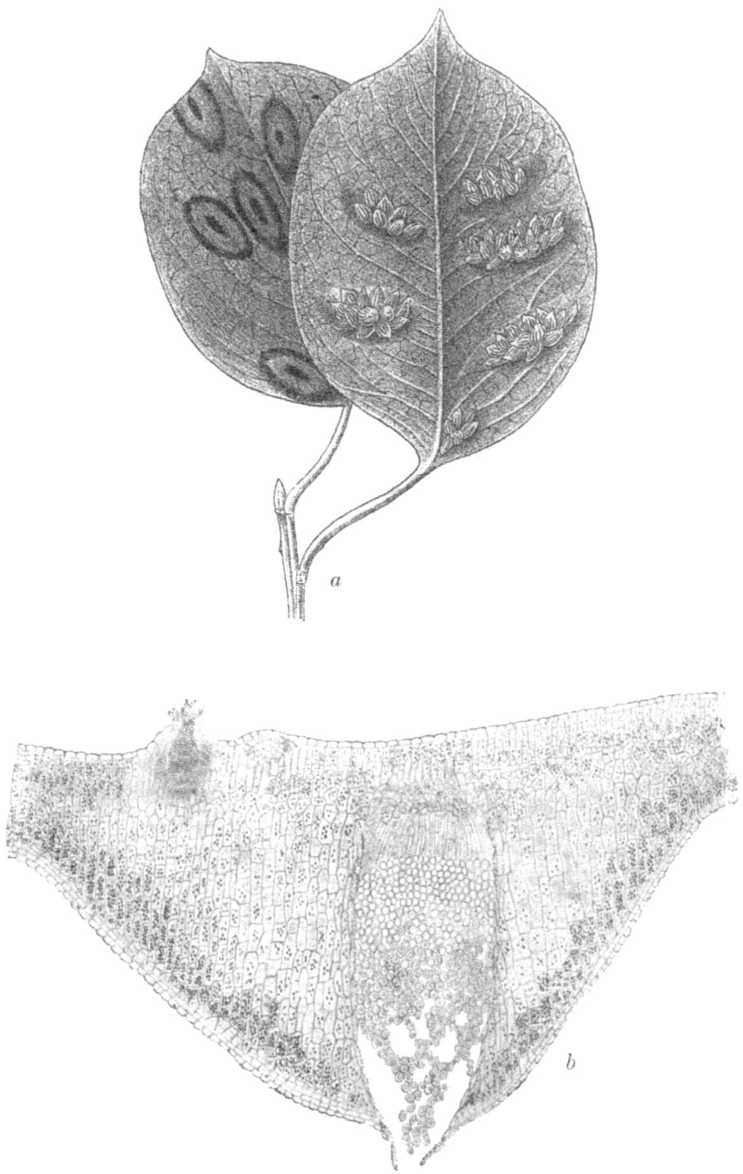

Abb. 31. *Gymnosporangium sabinae.* *a* Birnblätter mit Äzidien (nach Sorauer); *b* Querschnitt durch ein krankes Blatt; links oben Pyknide, nach unten Aecidium. $^{50}/_{1}$.

Gitterrost der Birnbäume (Abb. 31—33).

Im Sommer, etwa im Juli, findet man auf den Blättern von Birnbäumen häufig große, orangerote Flecke (*Roestelia*-Form von *Gymnosporangium sabinae* Wint.), die auf der Oberseite kleine, schwarze Pünktchen zeigen; beobachtet man diese Flecke weiter, so sieht man im August auf der Blattunterseite Verdickungen, aus denen kegelförmige Fruchtbecherchen (Äzidien) herausragen, die von einer gitterförmig durchbrochenen Haube (Peridie) bedeckt sind (Abb. 31*a*). Auf einem Querschnitt (Abb. 31*b*) durch eine solche Stelle erkennt man, daß die schwarzen Punkte krugförmige, eingesenkte Behälter (Pykniden) sind, deren Inneres mit sehr kleinen Sporen angefüllt ist. Auch in den Äzidien werden zahlreiche Sporen gebildet, die bei der Reife durch das Gitter der Peridien ins Freie gelangen. Beim Präparieren fällt die Haube leicht ab.

Abb. 32. Teleutosporenlager von *Gymnosporangium sabinae*. Verkleinert. (Nach v. Tubeuf.)

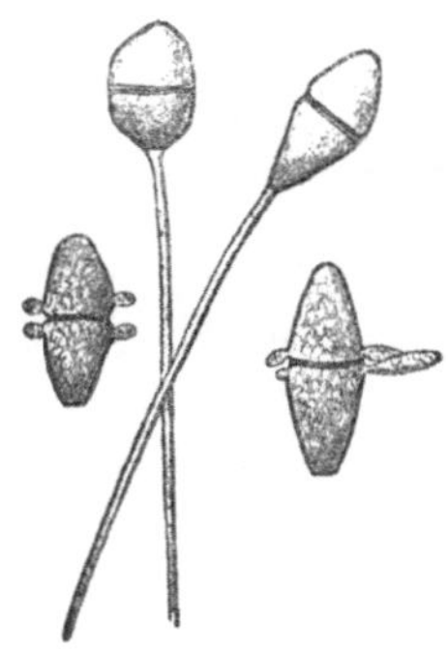

Abb. 33. Teleutosporen von *Gymnosporangium sabinae*. 350/1.

Außer diesen beiden Fruchtformen gehört zu unserem Pilze noch eine dritte, welche auf dem Sadebaum (*Juniperus sabina* L.) zur Entwicklung gelangt. An Zweigverdickungen desselben kommen im Frühling anfangs braune Köpfchen hervor, die bei feuchtem Wetter gallertartig verquellen (Abb. 32).

Die Gallertmasse besteht aus den langen, sehr leicht quellenden Stielen der Teleutosporen (Abb. 33), die bei trockenem Wetter abstäuben. Die Teleutosporen sind zweizellig, teils dünnwandig, teils dickwandig und haben vier Keimporen; sie keimen zu kurzen Promyzelien (Basidien) aus, die ihrerseits wieder Sporen (Sporidien) tragen.

Diese letzteren gelangen auf die Birnblätter und erzeugen dort wieder den Gitterrost.

Aus dieser Lebensgeschichte des Pilzes leitet sich die Bekämpfung der Krankheit ab, die in der Weise durchzuführen ist, daß man alle Sadebäume aus der Nähe der Birnbäume entfernt.

Brennfleckenkrankheit der Bohnen (Abb. 34).

An den noch grünen, unreifen Hülsen, manchmal auch auf den Stengeln der Busch- und Stangenbohnen treten oft eingesunkene braune Flecke von verschiedener Größe auf. Die Flecke sind meist von ovaler, oft auch langgestreckter Gestalt und anfangs rotbraun. Später sinkt das Gewebe ein, wird schwarzbraun und bedeckt sich mit kleinen, hellgrauen Punkten. Diese Punkte sind die Fruchtkörper eines sehr schädlichen, parasitären Pilzes: *Gloeosporium Lindemuthia-*

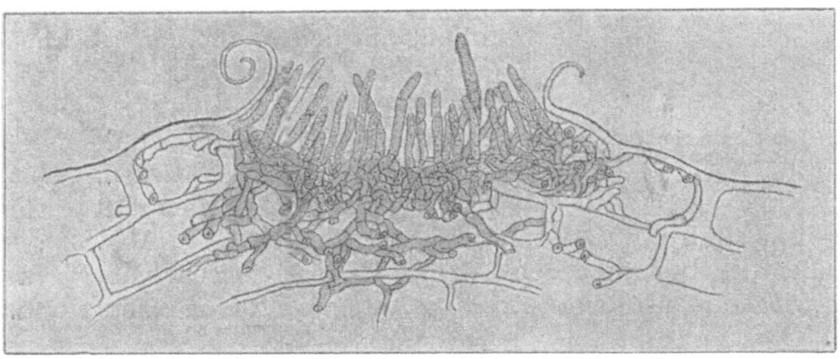

Abb. 34. *Gloeosporium Lindemuthianum.* Querschnitt durch ein Konidienlager. 250/1.

num Sacc. et Magn. Sie erweisen sich, mit dem Mikroskop betrachtet, als Konidienlager, die die Kutikula des gebräunten und zusammengeschrumpften Gewebes gesprengt haben und aus einem flachen Hyphengeflecht mit kurzen, vertikal gestellten Konidienträgern bestehen, an deren Enden Konidien abgeschnürt werden. Letztere sind einzellig, farblos, länglich-oval, von verschiedener Länge, zuweilen etwas gekrümmt. Zwischen den Konidienträgern findet sich hier und da eine vereinzelte, etwas weiter aus dem Konidienlager herausragende, borstenförmige Hyphe, weshalb man den Pilz auch vielfach zur Gattung *Colletotrichum* stellt. Mittels der Konidien verbreitet sich der Pilz und damit die Krankheit in feuchten Sommern sehr rasch. Das ganze abgestorbene Gewebe der Hülse ist von den Hyphen durchwuchert. Nicht selten geht die Erkrankung auch auf die in der Hülse befindlichen Samen über. Der Wert der Hülsen, sofern dieselben als Schnittbohnen benutzt werden sollen, wird durch den Befall wesentlich herabgemindert. Durch die vom Pilz infizierten Samen pflanzt sich die Krankheit, durch feuchtes Wetter begünstigt, im nächsten Jahre fort und führt häufig zum Absterben der ganzen Pflanzen.

Um dem Übel vorzubeugen, ist daher in erster Linie darauf zu achten, nur gesundes Saatgut zu verwenden. Auch verhalten sich anscheinend die Sorten verschieden.

Moniliakrankheit der Obstbäume (Abb. 35 u. 36).

Abb. 35. Birne mit ringförmig angeordneten Pilzpolstern von *Monilia fructigena*. (Nach Aderhold.)

An Äpfeln und Birnen treten im Herbste häufig Faulstellen auf, aus denen in konzentrischen Kreisen gelblich-graue Pilzpolster hervorbrechen. Auch eine sogenannte Schwarzfäule, bei der sich unter der Fruchtschale ein schwarzes Pilzstroma entwickelt, wird durch *Monilia* verursacht, doch kommen hierbei keine Konidien zur Entwicklung. Die erkrankten Früchte schrumpfen mit der Zeit mumienartig ein und bilden dann echte Sklerotien, aus denen eine höhere Fruchtform (*Sclerotinia*) hervorgeht. Die erwähnten Pilzpolster lassen sich unter dem Mikroskop als Bündel von konidienabschnürenden Myzelästen erkennen. Die eiförmigen Konidien werden in Ketten gebildet und sind, abgefallen, sofort wieder keimfähig (Abb. 36).

Außer der beschriebenen Art gibt es eine ihr sehr nahe verwandte, die vorwiegend auf Steinobst vorkommt, die *Monilia cinerea* Bon. Dieselbe verursacht ganz ähnliche Fäulniserscheinungen, geht aber auch auf Blüten und Zweige über. Charakteristisch ist dabei, daß die befallenen Blüten und Blätter sehr rasch braun werden und, am Baume verbleibend, eintrocknen.

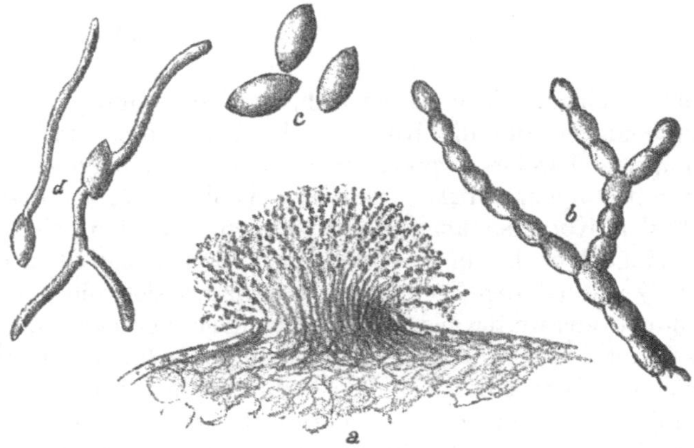

Abb. 36. *Monilia*. *a* Konidienhäufchen. *b* Myzelast, in Konidien zerfallend; $^{300}/_{1}$. *c* Konidien; $^{350}/_{1}$. *d* Keimung der Konidien; $^{300}/_{1}$. (Nach Aderhold.)

Als hauptsächlichstes Vorbeugungsmittel gegen Moniliaschäden ist das sorgfältige Sammeln und Vernichten aller Monilia-faulen Früchte und Fruchtmassen zu betrachten.

Schorf- oder Fusikladiumkrankheit des Kernobstes (Abb. 37 u. 38) wird durch zwei nahe verwandte Pilze hervorgerufen. An den Äpfeln wird die Krankheit durch *Fusicladium dendriticum* Fuck., an den Birnen durch *F. pyrinum* Fuck. erzeugt, die zu der Askomyzetengattung

Abb. 37. Von *Fusicladium dendriticum* befallene Äpfel.

Venturia gehören. Beide Pilze treten während des Sommers hauptsächlich auf den Blättern und Früchten auf in Form von rundlichen, ruß- oder samtartigen, grünlich-schwarzen Flecken, die an ihrem Rande eine mehr oder weniger deutlich dendritische Zeichnung erkennen lassen. *Fusicladium pyrinum* Fuck., seltener *dendriticum* Fuck., befällt auch oft die jungen Triebe, wobei die Rinde grindige Stellen erhält, infolge deren stark befallene Zweige nicht selten gänzlich absterben. Die Äpfel und Birnen werden durch die Schorfflecke unansehnlich (Abb. 37), erhalten zuweilen Risse, erlangen oft nicht die gewünschte Größe und bleiben dann hart, wodurch ihr Wert mehr oder weniger herabgemindert wird. Gewisse Winterbirnen, z. B. die bekannte Grumbkower Birne, haben besonders stark unter dem *Fusicladium* zu leiden. — Mit dem Mikroskop läßt sich leicht feststellen, daß sich an den schwarzen Schorfflecken

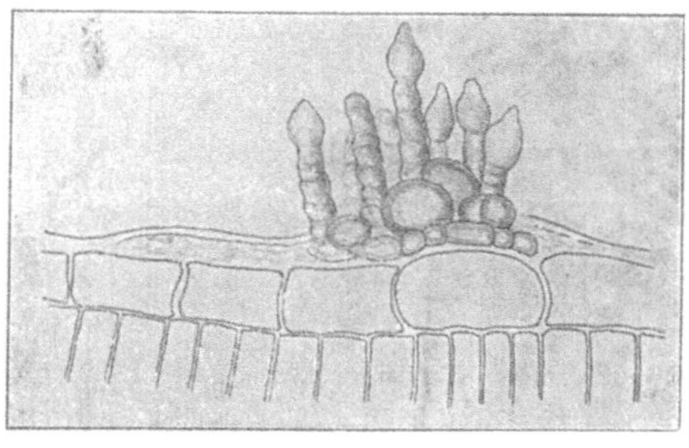

Abb. 38. Konidien von *Fusicladium dendriticum*. Schnitt durch einen Blattfleck. $^{500}/_{1}$.

in der äußersten Zellschicht ein dichtes Pilzfadengeflecht findet, von dem sich kurze, knorrige, bräunliche Konidienträger erheben. Die Konidienträger produzieren unregelmäßig verkehrt birnenförmige, ein- bis zweizellige, bräunliche Sporen (Abb. 38), mittels deren sich der Pilz während der Sommermonate rasch verbreitet. Die Pilzfäden dringen nicht tiefer in das Fruchtfleisch ein. Letzteres erzeugt unterhalb des Fleckes eine Korkschicht, durch die das infizierte Gewebe von dem gesunden Fruchtfleisch abgegrenzt wird. Auf den abgefallenen, infizierten Blättern entwickelt der Pilz im Frühjahre mit Borsten versehene Perithezien. Dieselben enthalten Schläuche mit je acht grünlichen, meist zweizelligen Sporen.

Zur Verhütung der Krankheit empfiehlt sich, die grindigen Zweige abzuschneiden und zu verbrennen, die abgefallenen Blätter während des Winters unterzugraben und ferner sachgemäßes Bespritzen der Obstbäume mit zwei- bzw. einprozentiger Kupferkalkbrühe oder anderen Kupfermitteln.

Schwärze des Getreides (Abb. 39).

Auf abgestorbenen oder aber absterbenden Pflanzenteilen, hauptsächlich krautigen Stengeln und Blättern, findet man sehr häufig grünlichbraune bis schwarzbraune, samtartige oder rußähnliche Pilzvegetationen. Dieselben werden von *Cladosporium herbarum* Lk. gebildet. Dieser Pilz lebt meist saprophytisch. Es ist indes nachgewiesen, daß er auch pathogen aufzutreten und verschiedenen Kulturpflanzen schädlich zu werden vermag. Die als „Schwärze“ bekannte Krankheitserscheinung des Getreides wird durch *Cladosporium* verursacht. Es treten hierbei — durch ungünstige Witterung, namentlich andauernd feuchtes Wetter, gefördert — auf den Stengeln, Blättern und Ähren des reifen oder fast reifen Getreides schwärzliche Überzüge auf. Zuweilen geht der Pilz auch auf die Körner über. Die Behauptung, daß solche von *Cladosporium* befallenen Getreidekörner („Taumelgetreide“) beim Verfüttern an das Vieh Vergiftungen hervorrufen, scheint nach neueren Erfahrungen unbegründet zu sein. — Der Pilz wächst in den oberflächlichen Zellschichten der befallenen Pflanzenteile in Form von dicken, kurzgliedrigen, graubraunen Hyphen. Die Pilzfäden dringen aber auch in die tieferliegenden Gewebeschichten ein, sind hier jedoch ungefärbt. Aus der Oberhaut der Wirtspflanze brechen die Fruktifikationsorgane des Pilzes hervor. Dieselben be-

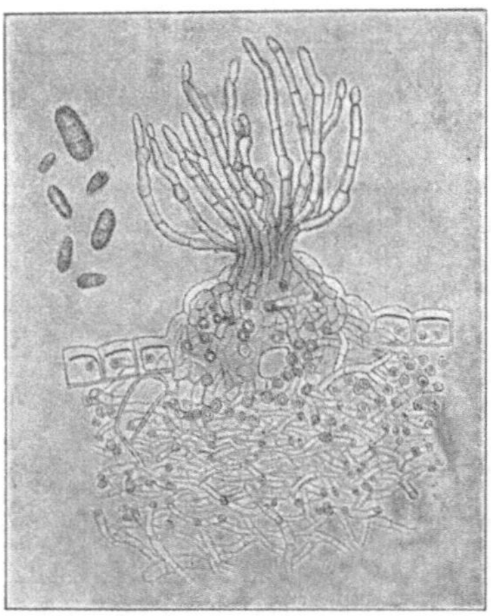

Abb. 39. *Cladosporium herbarum*. Das Parenchymgewebe wie auch die Epidermiszellen sind nach allen Richtungen von Myzel durchzogen. An einer Stelle brechen zahlreiche unregelmäßige Konidienträger hervor. 150/1. Links oben einige stärker vergrößerte Sporen.

stehen aus knorrigen, braunen, septierten Konidienträgern, von denen meist mehrere zu Bündeln vereinigt sind und häufig aus einer knollenartigen Hyphenanhäufung herauswachsen (Abb. 39). Die Konidienträger schnüren an ihren Enden und an seitlichen Höckern Sporen ab. Letztere sind graubraun, mehr oder weniger oval, zwei- bis vierzellig, zuweilen auch einzellig. Ihre mäßig dicke Membran ist mit äußerst feinen Stacheln besetzt. Außer dieser gewöhnlich auftretenden Konidienfruktifikation kommen noch andere Fruchtformen des Pilzes vor, die man teils der Gattung *Pleospora*, teils *Sphaerella* zugerechnet hat. Ihre Zugehörigkeit zu *Cladosporium* ist indes nicht in befriedigender Weise erforscht.

Welkekrankheiten der Leguminosen (Abb. 40 u. 41).

Bei verschiedenen Leguminosen, besonders den Erbsen, Lupinen und Ackerbohnen, kann man im Sommer ein auffallendes Abwelken beobachten, mit dem bei Lupinen häufig ein Abwerfen der Teil-

A *Fusarium coeruleum* (Lib.) Sacc.
B „ *Martii* Ap. et. Wr.
C „ *solani* (Mart. pr. p.) Ap. et Wr.
D „ *tracheiphilum* (Erw. F. Sm.) Wr.
E „ *theobromae* Ap. et Strk.
F „ *herbarum* (Cda.) Fr.
G „ *avenaceum* (Fr.) Sacc.
H „ *dimerum* Penz.
J „ *sambucinum* Fuck.
K „ *aquaeductuum* Lagerh.
L *Ramularia eudidyma* Wr.
M *Fusarium orthoceras* Ap. et Wr.
N „ *culmorum* (W. G. Sm.) Sacc.
O *Cylindrocarpon mali* (All.) Wr., status conidicus *Nectriae galligenae* Bres.
P *Fusarium decemcellulare* Brick
Q „ *falcatum* Ap. Wetr.
R „ *scirpi* Lamb. et Fautr.
S „ *argillaceum* (Fr.) Sacc.

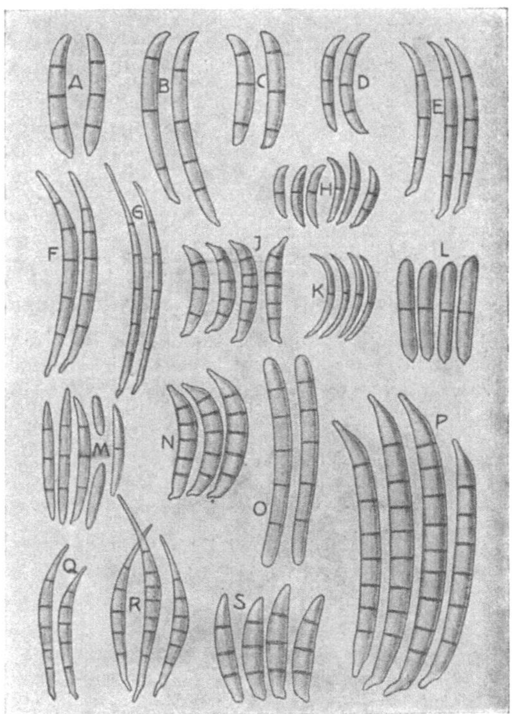

Abb. 40. Verschiedene Arten von *Fusarium* und nahestehenden Pilzen ($^{450}/_{1}$).

blättchen verbunden ist. Bei der Untersuchung der Pflanzen findet sich die Stengelbasis braun verfärbt und häufig mit Rissen versehen. Schneidet man den Stengel der Länge nach auf, so sieht man, daß die Gefäßbündel gebräunt sind. Auf Längs- und Querschnitten ist in diesen verfärbten Gefäßen mehr oder weniger reichlich Myzel sichtbar, das man häufig bis in die Blattstiele und Blattrippen verfolgen kann. In älteren Stengeln findet sich das Myzel auch vielfach außerhalb der Gefäße in dem sie umgebenden Parenchymgewebe. Legt man Abschnitte solcher Stengel feucht, so wächst das Myzel in kürzester Zeit heraus und bildet die für die Sammelgattung *Fusarium* typischen spindel- oder sichelförmigen Konidien (Abb. 40). Je nach der Art — die Krankheit kann durch verschiedene, systematisch schwer unterscheidbare Arten hervorgerufen werden — sind einzellige ovale oder mehrzellige sichelförmige Konidien vorwiegend.

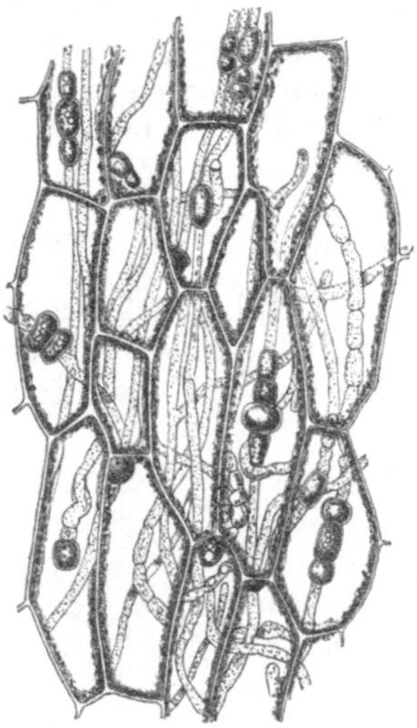

Abb. 41. *Fusarium*. Myzel und Chlamydosporen im Stengelgewebe welkekranker Leguminosen. $^{300}/_{1}$. (Nach Schikorra.)

Erstere entstehen in Mehrzahl nacheinander an einfachen Myzelzweigen, die sichelförmigen, zwei- bis achtzelligen Konidien werden einzeln an den dicht zusammenstehenden Ästen ihrer büschelförmigen Träger abgeschnürt. Die Chlamydosporen, die sich manchmal am Grunde der faulenden Stengel finden (Abb. 41), gehen aus Auftreibungen des Myzels hervor, die sich aus den Fäden abgliedern und mit bräunlich gefärbten Wänden umgeben; sie stehen oft in Ketten zusammen, von denen jedes einzelne Glied keimfähig ist. Sie dienen der Überwinterung des Pilzes.

Bei der Bekämpfung kommt es im wesentlichen darauf an, schlechtes Saatgut, das als Krankheitsüberträger anzusehen ist, zu vermeiden, kranke Pflanzen oder die Stoppeln kranker Felder zu vernichten und eine geregelte Fruchtfolge einzuhalten.

B. Beispiele von wichtigen, durch Tiere hervorgerufenen Pflanzenkrankheiten.

Stockkrankheit des Roggens (Abb. 42 u. 43).

Diese Krankheit wird hervorgerufen durch ein zu den Rundwürmern gehöriges Älchen, *Tylenchus dipsaci,* dessen Larven vom Boden aus in die unteren Stengelteile und Blätter der Roggenpflanze einwandern und in ihrer Umgebung eine Hypertrophie der Gewebe verursachen. Die Parenchymzellen der betroffenen Gewebepartien vergrößern sich und teilen sich reichlicher als bei den gesunden Pflanzen, während das Längenwachstum des ganzen Organes fast ganz aufhört. Hierdurch bekommen die befallenen Pflanzen ein sehr charakteristisches Aussehen, das darin besteht, daß der Stengelgrund sich verdickt und oft eine zwiebelartige Gestalt annimmt. Auch die unteren Blattscheiden werden breiter und nehmen eine mehr fleischige Konsistenz an; ihre Gestalt zeigt sich auch durch eintretende Verkürzung und meist vorhandene Kräuselung verändert. An solchen Pflanzen ist die Bewurzelung nur schwach ausgebildet, auch das Längenwachstum leidet, so daß oft die Ähren in der Scheide stecken bleiben. Die erkrankten Pflanzen werden meist frühzeitig gelb und sterben ab.

Die Älchen (Abb. 42) finden wir leicht in mikroskopischen Schnitten. Sie sind 1—1,5 mm lang, drehrund, an beiden Enden zugespitzt; ihre Länge verhält sich zur Breite wie 40—45:1, die Länge des Schwanzes beträgt $^1/_{16}$—$^1/_{17}$ von der des Körpers. Die Männchen haben eine mehr plötzliche Verjüngung des Schwanzes und sind ausgezeichnet durch die „Bursa", eine auf beiden Seiten der Begattungsöffnung vorspringende Hautfalte. Die Weibchen haben ein mehr allmählich verschmälertes Hinterende. — Der am Vorderende befindliche Mund erweitert sich zur Mundhöhle, durch die ein am Hinterende verdickter Mundstachel läuft, der durch besondere Muskeln vorgeschoben und zurückgezogen werden kann. Die sich an die Mundhöhle anschließende Speiseröhre dient gleichzeitig als Saugrohr, sie besitzt eine besondere Anschwellung, den Ösophagalbulbus, der als Pumpe dient. Sie setzt sich in den Darm fort, der am Schwanzanfange mündet. Beim Männchen finden sich in der Kloake zwei Chitinvorsprünge, die Spikula, beim Weibchen mündet der Eileiter gesondert von dem Darmausgang in der Vulva. Die Fortpflanzung geschieht auf geschlechtlichem Wege.

Außer den geschlechtsreifen Tieren findet man in den kranken Pflanzenteilen häufig auch die Eier, die in den Hohlräumen zwischen den Parenchymzellen liegen (Abb. 43). Aus diesen Eiern schlüpfen die Larven, die später ebenso wie die erwachsenen Tiere in den Boden gehen und von da aus in neue Nährpflanzen einwandern können.

Im trockenen Boden können die Älchen lange Zeit scheintot liegen. Da eine solche Eintrocknung in den oberen Schichten oft eintritt, ist die Verschleppung durch oberflächliche Bodenbearbeitung, durch Wind und ähnliche

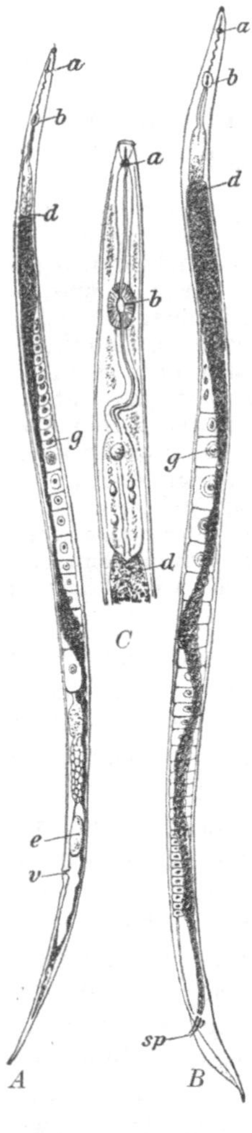

Abb. 42. *Tylenchus dipsaci.* *A* Männchen, *B* Weibchen, *C* Vorderende, stärker vergrößert. — *a* Mundstachel, *b* Bulbus, *d* Darm, *e* Ei, *g* Geschlechtsorgane, *sp* Spikula, *v* Vulva, *f* Enddarm. Nach Ritzema Bos. *A* u. *B* etwa $^{100}/_{1}$, *C* $^{250}/_{1}$.

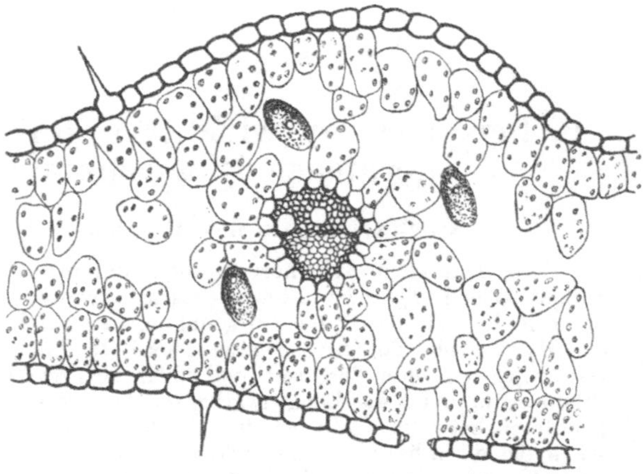

Abb. 43. Querschnitt durch ein krankes Roggenblatt mit drei Eiern von *Tylenchus dipsaci*.

Umstände leicht möglich. Andauernd in feuchter Erde, gehen die Tiere allmählich aus Nahrungsmangel zugrunde; auch können sie häufigeren Wechsel zwischen Trockenheit und Nässe nicht gut vertragen.

Außer auf Roggen geht *Tylenchus dipsaci* auch auf eine große Anzahl anderer Pflanzen über und erzeugt auf ähnliche Weise die Stockkrankheit des Hafers, des Klees, des Buchweizens, eine Krankheit der Pferdebohne, der Zwiebel und Hyazinthe und auch die Nematodenfäule der Kartoffel.

Als Bekämpfungsmittel bedient man sich des Anbaues sogenannter „Fangpflanzen“, als deren geeignetste in der Regel stets die Pflanzenart anzusehen ist, die auf dem verseuchten Stück zuletzt angebaut und erkrankt war. In diese gehen die Älchen leicht hinein und steigen ziemlich weit in die Höhe; durch tiefes Abmähen oder Ausreißen und gründliches Vernichten der herangewachsenen Pflanzen kann man die größte Menge der Älchen von den Feldern entfernen. Auch eine gute Düngung, die das Wachstum der Pflanzen beschleunigt, sowie tiefes Umpflügen, das die Älchen in die tieferen, feuchten Bodenschichten bringt, und der Anbau von Hackfrüchten tragen zur Verminderung des Befalles bei.

Gicht- oder Radekrankheit des Weizens (Abb. 44).

Auf Weizenfeldern findet man in den Ähren meist etwas zurückgebliebener Pflanzen, deren Blätter häufig gedreht und etwas verdickt sind, Körner, die den Steinbrandkörnern ähnlich sind. Dieselben haben eine dicke, ziemlich feste Schale und enthalten in ihrem Innern eine weißliche, zerkrümelnde Substanz, die sich bei mikroskopischer Betrachtung als aus unzähligen Älchen der Art

Tylenchus tritici bestehend erweist. In trockenem Zustande sind die Älchen bewegungslos, leben aber sehr rasch auf, sobald sie befeuchtet werden. Fallen diese Körner aus oder kommen sie mit dem Saatgut in den Boden, so wird die Schale durch die Feuchtigkeit zerstört, die Älchen werden frei und wandern in die jungen Weizenpflanzen, in denen sie zwischen Blattscheide und Halm leben, bis die Ähre vorgebildet ist. Dann dringen sie in die jungen Blütenanlagen ein und veranlassen diese zu einer Gallbildung, eben dem Gicht- oder Radekorn.

Im mikroskopischen Schnitt durch eine junge Galle (Abb. 44) sieht man, daß sie aus sehr großkernigen Zellen besteht, die zunächst nur dünne Membranen haben. Später verdicken sich die Gallwände besonders nach außen hin, während im Innern fast nur noch Älchen zu finden sind. Die inzwischen herangewachsenen und geschlechtsreif gewordenen Männchen sind 2—2,3 mm, die Weibchen 2,5—5 mm lang und ähneln in ihrem Körperbau den vorhin beschriebenen Älchen der Stockkrankheit.

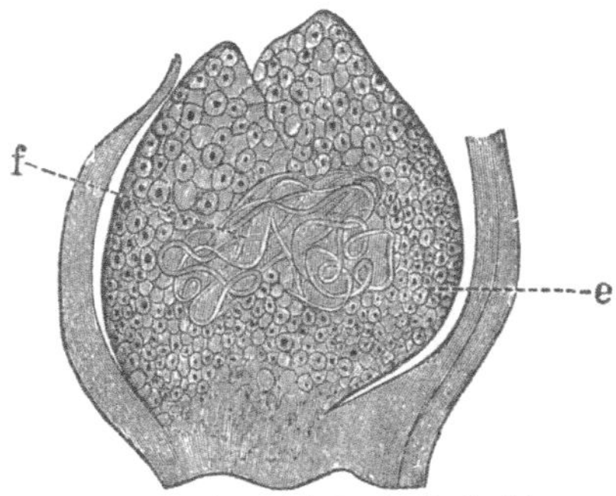

Abb. 44. Durchschnitt durch ein Radekorn. *e* Gewebewucherung, *f* Älchen. (Nach Prillieux.)

Anfang Juni legen die Weibchen in der Galle zahlreiche Eier, aus denen die Larven auskriechen. Diese sind es, die man in den reifen Gichtkörnern findet. Sie sind außerordentlich widerstandsfähig gegen Trockenheit, Hitze und Kälte; man kann daher Radekörner jahrelang als Demonstrationsobjekte aufbewahren.

Die Bekämpfung dieser Krankheit besteht darin, daß man verdächtiges Saatgut siebt und die abgesiebten Gichtkörner vernichtet. Außerdem muß man Felder, die radekranken Weizen getragen haben, tief umpflügen und für einen rationellen Fruchtwechsel Sorge tragen.

Nematodenkrankheit der Zuckerrübe (Abb. 45).

Ebenfalls zu den Rundwürmern gehört einer der schlimmsten Schädlinge der Zuckerrübe, die Rübennematode, *Heterodera schachti*. Sie ist der Urheber der Rübenmüdigkeit, einer Krankheit, die sich zunächst durch plötzliches Welken der Blätter im Sonnenlicht und Wiederaufrichten des Krautes während der Nacht bemerkbar macht. Das Abwelken beginnt bei den äußeren Blättern, die nach einiger Zeit zu vergilben anfangen nnd schließlich vertrocknen, so daß zuletzt nur noch die Herzblätter erhalten bleiben. Die Ernteerträge gehen infolgedessen sowohl nach der Gewichtsmenge wie nach dem Zuckergehalte der Rüben mit jedem Jahre mehr zurück. Aus den Eiern des Schädlings entschlüpfen etwa 0,5 mm lange, vorn stumpfe und hinten spitze Larven (Abb. 45 *A*), bei denen sich schon ein kräftiger Mundstachel erkennen läßt. Dieser ist am hinteren Ende mit drei deutlichen Anschwellungen versehen und dient der Larve beim Eindringen in die Seitenwurzeln der Rübe als Werkzeug. Die eingewanderten Tiere häuten sich mehrmals und bekommen das

Aussehen einer Flasche mit abgerundetem Boden und breitem Hals (Abb. 45 *B*). Dabei wird auch der Stachel durch einen neuen, etwas schwächeren ersetzt, bei dem die Vorsprünge ausgesprochener kugelig

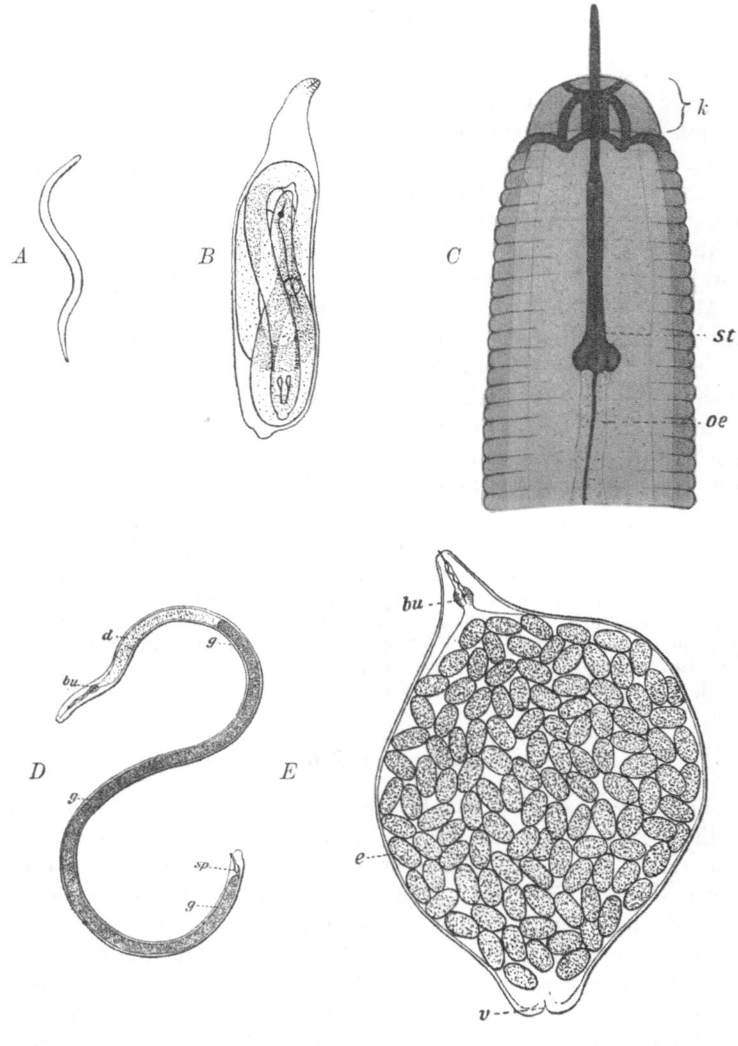

Abb. 45. *Heterodera schachti.* *A* Larve, *B* männliche Larve vor der letzten Häutung, *C* Vorderende des Männchens (*k* Kopfkappe mit Chitinleisten, *st* Stachel, *oe* Ösophagus), *D* Männchen, *E* Weibchen, *bu* Bulbus, *d* Darm, *g* Geschlechtsapparat, *sp* Spikula, *e* Eier, *e* Vulva. (*A*, *C*, *D*, *E* nach Marcinowski, *B* nach Strubell.)

sind als bei dem der Larve (Abb. 45 *C*). Diese Form ist aber noch nicht die endgültige, sondern es tritt nunmehr eine auch in der äußeren Gestalt deutlich kenntliche Differenzierung der Geschlechter ein. Das fadenförmige, etwa 1 mm lange Männchen (Abb. 45 *D*) verläßt die letzte Larvenhaut, in der es aufgewunden lag (Abb. 45 *B*); die von nun an unbeweglich festsitzenden Weibchen schwellen zu dicken, zitronenförmigen Körpern an (Abb. 45 *E*). Das Rindengewebe der Wurzel, unter dem sie sitzen, wird dadurch emporgewölbt, später zerfasert es, und schließlich sind die Weibchen von den sich ablösenden Gewebefasern nur noch ganz spärlich bedeckt. Da der Angriff meist von zahlreichen Nematoden gleichzeitig erfolgt, sehen die Wurzeln, aus denen die Hinterleiber der Weibchen herausragen, wie mit Sandkörnern bestreut aus. Um diese Zeit werden die Weibchen von den Männchen, die zu diesem Zwecke die Wurzel verlassen, begattet; ihr ganzer Leib füllt sich mit Eiern an, und die Tiere sterben ab. Alle Stadien besitzen eine sehr charakteristische Kopfkappe, die innen Chitinleisten besitzt (Abb. 45 *C*, *k*).

Die Bekämpfung geschieht durch Fangpflanzen, wozu sich besonders Sommerrübsen *(Brassica Rapa oleifera annua)* eignet. Für die Entfernung desselben ist von großer Wichtigkeit, das richtige Stadium in der Entwicklung der Nematoden zu treffen. Dieses stellt man fest, indem man einige Proben der Rübsenpflanzen herausnimmt und unter Vermeidung heftiger Bewegung im Wasser auswäscht. Die gewaschenen Wurzeln werden etwa zehn Minuten lang in eine Jodjodkaliumlösung gelegt, mit Wasser abgespült, auf Filtrierpapier etwas abgetrocknet, mit Glyzerin auf einen Objektträger gebracht und mit einem großen Deckglas überdeckt. Findet man dabei vollentwickelte, aber noch in der Larvenhaut steckende männliche Tiere (Abb. 45 *B*), so ist die richtige Zeit zum Zerstören der Fangpflanzen gekommen.

Spinnmilben [*Tetranychidae*] (Abb. 46).

Sie gehören zu den verbreitetsten Pflanzenschädlingen. Sie sind in der Auswahl der Pflanzen, die sie befallen, durchaus nicht wählerisch und kommen sowohl an Gräsern, Bohnen, Rüben wie auch an anderen krautigen Gewächsen, vor allem aber an den verschiedensten Bäumen und Sträuchern vor. An Hopfen verursachen sie eine als „Kupferbräune“ bezeichnete Erkrankung, die sich in rotbrauner Färbung der Blätter äußert. Auch den Reben fügen sie oft schweren Schaden zu. Die Blätter, an denen sie in größerer Anzahl sitzen, verfärben sich frühzeitig, indem sie je nach der Pflanzenart einen grauen, gelblichbräunlichen oder gelblichrötlichen Farbenton annehmen, vorzeitig vertrocknen und abfallen. Auf der Unterseite dieser Blätter sieht man mit bloßem Auge, deutlicher noch durch die Lupe, ein Gespinst, zwischen dem man außer zahlreichen abgestreiften Häuten und den weißlichen Eiern die zu den Milben gehörige „Spinne“ in den verschiedensten Altersstadien findet.

Aus den Eiern geht zunächst eine 6füßige Larve hervor, an der sich nach einem Ruhestadium die 8füßige Nymphe entwickelt. Nach einem weiteren Ruhestadium erscheinen sodann die geschlechtsreifen männlichen und weiblichen Tiere.

Das ausgewachsene Tier ist 200—400 μ lang, oval, gelblich bis rötlich gefärbt, meist dunkel gefleckt, die ♀ stets größer als die ♂.

Bei auffallendem Lichte sieht man deutlich beiderseits je einen roten Augenfleck, der bei durchfallendem Licht jedoch unsichtbar wird. An allen Tarsengliedern sind die für die ganze Familie charakteristischen vier Haftborsten zu erkennen. Im übrigen ist der feinere Bau der Tarsen für die Gattungen kennzeichnend. *Paratetranychus* besitzt eine Klaue und darunter ein aus 4—6 Borsten gebildetes Empodium. Bei den anderen Gattungen ist nur das Empodium erhalten, das bei *Schizotetranychus* die Form einer 2spaltigen, kräftigen Klaue besitzt, bei *Tetranychus* und *Epitetranychus* als 4teilige, in sehr feine Spitzen endende Klaue erscheint. Kennzeichnend ist ferner die Ausbildung der paarig im vordersten Körperabschnitt gelegenen Atmungsorgane, der sogenannten Kragentracheen, die teils einfach, teils verzweigt sind, und des männlichen Kopulationsorgans, das bei der Lindenspinnmilbe (*Tetranychus telarius* L.) schlank und gerade, bei den anderen Arten hakenförmig gekrümmt ist. Die im Herbst gelblichrote bis zinnoberrote Färbung annehmenden ♀ überwintern entweder zwischen Rindenspalten und an geeigneten Plätzen des Bodens, von wo aus die Neubesiedelung der Nährpflanzen im Frühjahre erfolgt, oder legen an die Triebe der Nährpflanzen ihre rotgefärbten Wintereier ab.

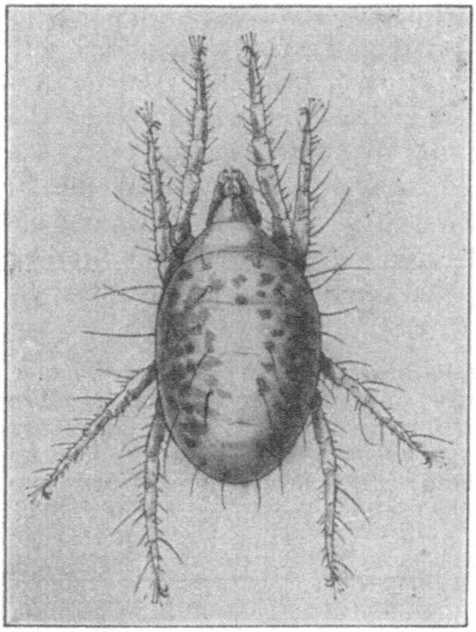

Abb. 46. Spinnmilbenweibchen. 60/1. (Nach Fulmeck.)

Die Bekämpfung ist noch nicht gründlich erforscht, doch kann man durch Bespritzen des Bodens und der Holzteile von Bäumen und Sträuchern vor dem Austreiben mit einer 10—16proz. Eisenvitriollösung sowie durch häufigeres Bespritzen der Pflanzen während des Sommers mit Wasser die Ausbreitung der Roten Spinne einigermaßen verhindern.

Weinblattmilben (Abb. 47 u. 48).

Eine der verbreitetsten Weinstockkrankheiten ist die sogenannte Phytoptosis, die durch die zur Gruppe der Gallmilben gehörige Weinblattmilbe, *Eriophyes (Phytoptus) vitis*, hervorgerufen wird. Diese Tiere siedeln sich auf der Unterseite, seltener auf der Oberseite der Blätter an und veranlassen durch einen von ihnen ausgehenden Reiz eine eigentümliche Ausstülpung der Epidermiszellen zu schlauchförmigen, hin- und hergebogenen, manchmal verästelten Haaren (Abb. 47). Diese Gallenhaare stehen in Vielzahl zusammen, dichte, filzartige Flecke bildend, die bei auffallendem Lichte seidenartig glänzen. Anfänglich sind diese Filzflecke, die sogenannten Erineen [1]), weiß, werden aber später grau, gelb oder rötlichbraun.

[1]) Der Name Erineum stammt noch aus der Zeit, in der man diese Erscheinung als Wucherung bestimmter Pilze auffaßte, die Persoon unter dem Gattungsnamen *Erineum* vereinigte.

Auf der entgegengesetzten Seite stülpt sich das Blatt zu einem runzeligen, bald mehr flachen, bald mehr erhabenen Höcker aus (Abb. 48).

Die Milben, die diese Mißbildung hervorrufen und die während des ganzen Sommers in ihnen leben, sind dem bloßen Auge nicht sichtbar. Ihre Größe beträgt etwa 0,15—0,2 mm; sie sind von lang walzenförmiger Gestalt, nach hinten allmählich, nach vorn rascher verschmälert. Der ganze Hinterleib ist geringelt, am vorderen Teile befinden sich zwei Paar Beine, die aus je drei Gliedern mit zwei borstigen Tarsen bestehen. Am Saugrüssel erblickt man zwei zarte Saugborsten (die umgewandelten Kiefer), mit denen das Tier die Pflanzenzellen ansticht, um aus ihnen Nahrung zu entnehmen, ohne daß übrigens dadurch die Zellen sichtbar geschädigt würden.

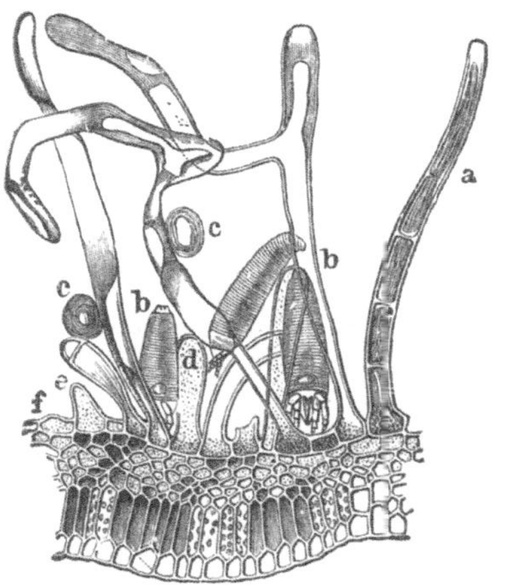

Abb. 47. Querschnitt durch ein Erineum des Rebblattes mit Milben (*b*), Eiern derselben (*c*) und verschieden gestalteten Haaren (*a*, *d*, *e*, *f*). (Nach Briosi.)

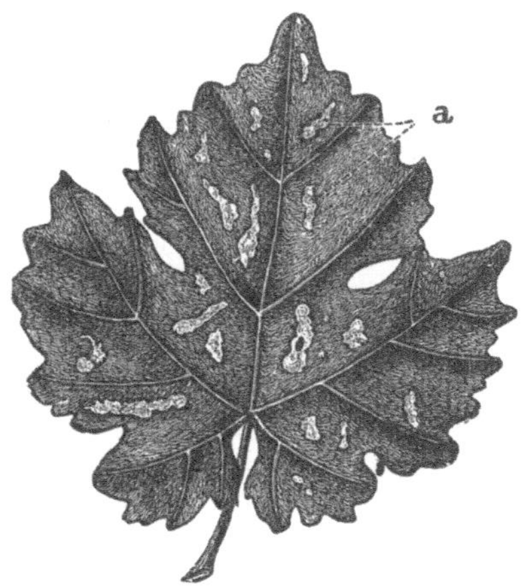

Abb. 48. Rebblatt, von Weinblattmilben befallen. Es sind viele „Erineum“-Flecke (z. B. bei *a*) auf der Unterseite entstanden. 1/2 der natürlichen Größe.

Die Milben legen im Laufe des Sommers in ihrem Aufenthaltsorte einige ovale Eier, aus denen bald die jungen Milben ausschlüpfen, um ihrerseits wieder für Nachkommenschaft zu sorgen. Im Herbste wandern die Milben aus und suchen Rindenrisse, Zweigecken und vor allem Knospen auf, in denen sie den Winter überdauern, um mit beginnendem Frühjahre wieder in die sich entfaltenden Blätter einzuwandern.

Wenn die Phytopten nicht in besonders großer Zahl auftreten, sind sie für den Weinbau ohne Schaden, da die Blätter in ihrer assimilatorischen Tätigkeit nicht gestört werden. Bei starkem Befall jedoch werden die Blätter stark verkrüppelt, auch die Blüten und Fruchtknoten nicht verschont.

Als Gegenmittel wendet man das Absammeln und Vernichten der befallenen Blätter sowie Bestreichen der Stämme und Zweige mit Kalk oder Eisenvitriollösung oder Bespritzung mit Schwefelkalkbrühe während des Winters oder ersten Frühjahrs mit Vorteil an.

Blutlaus (Abb. 49—53).

Die Blutlaus (*Schizoneura lanigera*) ist einer der schlimmsten Feinde der Apfelkultur und kommt seltener auch auf Birnbäumen und verwandten Kernobstarten vor. Sie lebt besonders gern auf jungen Trieben des Apfelbaumes in großen, mit weißer Wachswolle bedeckten Familien. Nimmt man die Tiere ab und zerdrückt sie, so entsteht ein blutroter Fleck (daher der Name). Mit langem Saugrüssel stechen die etwa 2 mm großen, braungelb bis braunrot gefärbten Läuse durch die Rinde der Apfelzweige bis zum Splint und saugen den Saft Wo dieser Rüssel eindringt, entsteht im Kambium eine Wucherung, die, mehr und mehr sich vergrößernd, schließlich die Rinde auftreibt und sprengt. Dichte Siedlungen der Blutläuse bilden aus lauter Einzelknollen bestehende, wie große Geschwüre aussehende Verdickungen der Zweige, die sog. Blutlauskrebse.

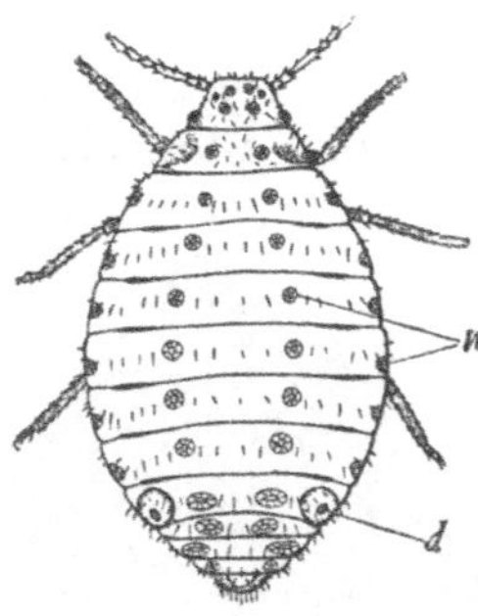

Abb. 49. Erwachsene, ungeflügelte Blutlaus. Rückenansicht. 16/1. (Nach Börner.)

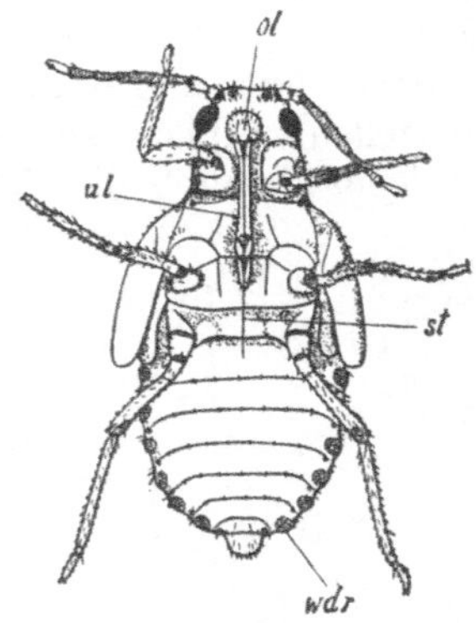

Abb. 50. dto. Bauchansicht.

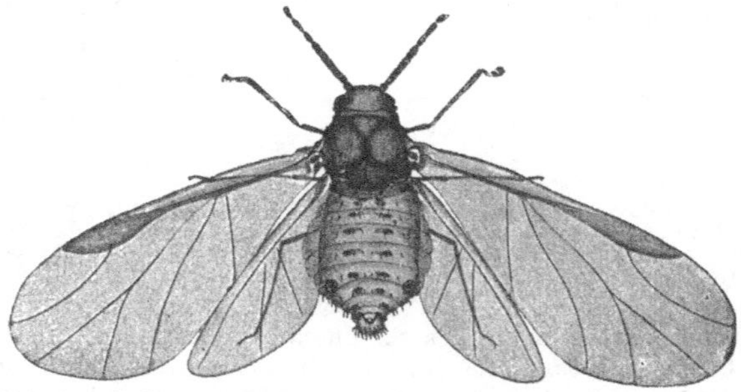

Abb. 51. Geflügelte Blutlaus. Rückenansicht. 25/1. (Nach Börner.)

In Mitteleuropa vermehren sich die Blutläuse nur durch jungfräuliche, ungeflügelte (Abb. 49 u. 50) oder geflügelte (Abb. 51) Tiere, von denen erstere 30—40, letztere eine geringere Anzahl Junge lebend gebären. Die jungen Blutläuse sind stets flügellos und wie ihre Mütter mit einem Saugrüssel versehen. Sie sind sehr beweglich und können sich über die Krone der befallenen Bäume ausbreiten oder auf benachbarte Bäume überwandern. Sind sie aber festgesaugt, so verlassen sie ihren Platz meist nur noch nach ihrer Häutung, deren sie vier durchmachen. Nach der 4. Häutung sind sie erwachsen und werden Mütter, ohne befruchtet zu sein. Die geflügelten Blutläuse sehen anfangs genau so aus wie die flügellosen; nach der 2. Häutung treten an den Schultern des 2. und 3. Brustringes winzige Höcker auf, die nach der

3. Häutung vergrößert sind und mit der 4. Häutung zu den Flügeln der Blutlausfliege auswachsen. Die ungeflügelten Blutläuse gibt es das ganze Jahr über; sie sind auch die einzigen bei uns teils in den Rindenritzen des Stammes und der Äste, teils unterirdisch an den Wurzeln überwinternden Blutläuse, die im Frühling ihr Zerstörungswerk mit erwachendem Saftstrom des Apfelbaumes beginnen. Die geflügelten sind im Hochsommer selten, können dann aber die Seuche ihrer Flugfähigkeit wegen weit verschleppen, da sie echte Blutlausjunge mit Saugrüssel erzeugen. Anders die im Nachsommer und

Abb. 52. Blatt der amerikanischen Rüster, mit einer Rollgalle der Blutlaus-Stammutter. (Nach E. Patsch.)

Abb. 53. Junger Apfelbaumzweig mit Blutlauskolonie. Die Kolonie am Grunde des untersten Blattes ist von ihrer Wolle befreit worden.

Herbst auftretenden geflügelten. Diese Tiere verlassen nämlich den Apfelbaum (und überhaupt das Kernobst) und siedeln auf Ulmenarten über, wo sie Mütter winziger, flügelloser, der Stechborsten und des Rüssels entbehrender Männchen und Weibchen werden, von denen letztere nach erfolgter Befruchtung in den Ritzen der alten, borkigen Rinde je ein sogenanntes Winterei ablegen. Die heimischen Ulmenarten (Berg-, Feld- und Flatterulme) sind aber für die Nachkommenschaft der Blutlaus ungeeignet, da man auf ihnen in Europa noch niemals Blutlausgallen, sondern nur die ähnlichen Gallen verwandter Blutlausarten *(Schizoneura ulmi, soror, patchiae)* beobachtet hat. Mangels geeigneter Brutpflanzen geht also anscheinend die Nachkommenschaft der hochsommerlichen Blutlausfliegen in Europa regelmäßig zugrunde. In Nordamerika aber kriechen auf der amerikanischen Rüster *(Ulmus americana)* aus dem Winterei der Blutlaus Junglarven aus, welche Rollgallen auf den Blättern erzeugen, die denen der genannten europäischen *Schizoneura*-Arten ähnlich sehen. Sie gebären in diesen Rollgallen zahlreiche Junge, die teils ungeflügelt bleiben und eine zweite Gallenbildnergeneration hervorbringen, teils Flügel erhalten und auf den Apfelbaum oder andere Kernobstgewächse zurückfliegen. Die 2. Gallengeneration pflegt meist ganz geflügelt zu werden und damit die Entwicklung der Blutlaus auf der amerikanischen Rüster zum Abschluß zu bringen.

Mikroskopisch sind an den flügellosen Formen die Felderung und Anordnung der Wachsdrüsen (Abb. 49 u. 50 *wdr.*) und die auf niedrigen Buckeln mündenden Rückendrüsen (Siphonen, Abb. 49 *d*), an der Blutlausfliege die einmal gegabelte Mittelader der Vorderflügel und die eigenartige Ringelung der Fühler zu beachten, die, wie bei den ungeflügelten, 5gliedrig sind.

Reblaus [*Peritymbia vitifolii* oder *Phylloxera vastatrix*] (Abb. 54).

Das Tier wurde anfangs der sechziger Jahre mit amerikanischen Reben nach Europa eingeschleppt. Zuerst wurde es im Jahre 1868 im unteren Rhônetal nachgewiesen, nachdem man schon einige Jahre eine in erschreckender Weise überhandnehmende, bis dahin unbekanute Erkrankung der Weinstöcke beobachtet hatte. Seit dieser Zeit hat sich die Seuche in unerhört rascher Weise über die sämtlichen Weinbaugebiete ausgebreitet, überall ungeheuren Schaden verursachend. Frankreich allein hat eine Einbuße erlitten, die mit zwölf Milliarden Francs nicht zu hoch geschätzt wird. Aber auch andere Länder sind in ähnlicher Weise in ihrem wirtschaftlichen Wohlstande geschädigt, und wenn wir in Deutschland noch verhältnismäßig weniger zu leiden haben, so verdanken wir dies einzig und allein der straffen Durchführung des sogenannten Vernichtungsverfahrens.

Das äußere Krankheitsbild besteht im Auftreten sogenannter Reblausherde, die dadurch charakterisiert sind, daß mehr oder weniger kreisförmige Stellen in den Weinbergen auftreten, in denen die einzelnen Stöcke allmählich zurückgehen, wobei die im Innern liegenden Stöcke am meisten in Mitleidenschaft gezogen sind. An den Wurzeln kranker Stöcke finden sich die Läuse, die durch ihr Saugen an den jüngeren Wurzeln die „Nodositäten", an den älteren die „Tuberositäten" veranlassen.

Gleich der Blutlaus vermehrt sich die Reblaus in den deutschen Weinbergen für gewöhnlich nur auf jungfräuliche Art, gebiert aber nicht lebende Junge, sondern legt unbefruchtete Eier an den Wurzeln des Rebstockes ab. Wenn die im Hochsommer geschlüpften Jungläuse der letzten Reblausgeneration aus dem Winterschlafe erwacht sind, wachsen sie (bei uns im Verlaufe des Mai) unter 4maliger Häutung zu flügellosen, bis etwa $1^3/_4$ mm großen, gelbgrünlicheu Läusen von birnenförmigem Umriß heran, die von Ende Mai ab ihre erst hellgelbgrünen, später olivgrünen 30—50—80 Eier ablegen. Ihr Wachstum erfolgt in der Regel an verholzten Rebwurzeln, selten siedeln einzelne Tierchen dieser Wintergeneration nach einer Häutung auf eine junge Rebwurzel über und erzeugen an dieser eine birnen- oder bohnenförmige oder unregelmäßig gestaltete Kambiumgalle (Nodosität). Ihre Nachkommen befallen aber mit Vorliebe die jungen Rebwurzeln, so daß man mit fortschreitender Jahreszeit mehr und mehr Nodositäten,

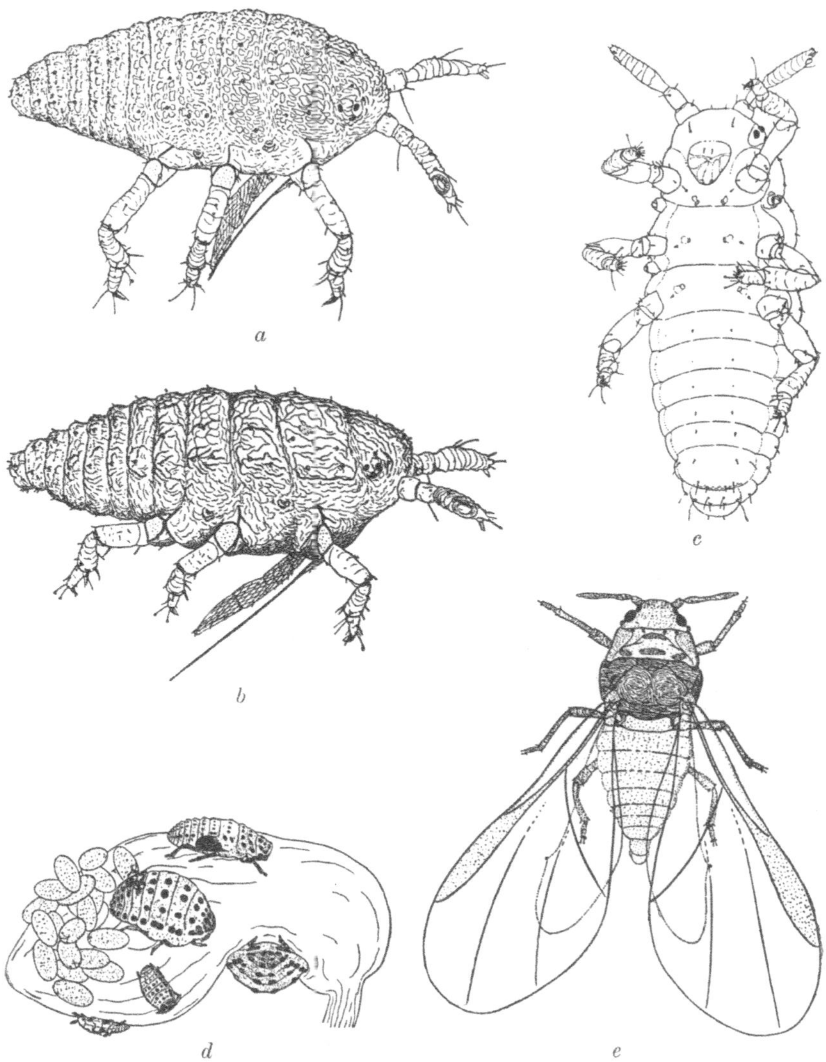

Abb. 54. Reblaus. *a* junge, ungehäutete Gallenreblaus. *b* junge, ungehäutete Wurzelreblaus. *c* Sexualis-Weibchen (Bauchansicht). *d* Nodosität mit Wurzelläusen. *e* Sexuparafliege. (Nach Börner.)

namentlich in den oberen Erdschichten, findet. Ist die Wüchsigkeit der Rebe durch die Laus schon zu sehr geschwächt, dann fristen oft nur noch einzelne Reblausfamilien an den alten Wurzeln ein kümmerliches Dasein, ohne daß es mangels junger Rebwurzeln zur Bildung von Nodositäten kommt. An den jüngeren verholzten Rebwurzeln bewirkt die Saugtätigkeit der Reblaus Knotenbildungen, ähnlich denen der Blutlaus vom Apfelbaum; man nennt sie Tuberositäten. Im Laufe der wärmeren Jahreszeit wachsen in Deutschland einschließlich der überwinterten 4 bis 5 Generationen heran, und dieser Kreislauf wiederholt sich Jahr um Jahr, ohne daß andere Reblausformen an den Rebenwurzeln zur Fortpflanzung gelangen. Es entwickeln sich aber im Sommer (in Deutschland meist erst im August und September) in den Familien der flügellosen Wurzelläuse Reblausfliegen, die in ihren ersten drei Jugendzuständen flügellos sind und mit der dritten Häutung als Nymphe (Abb. 54 *d*) Flügelstummel erhalten. Diese Reblausfliegen kommen aus der Erde an die Oberfläche und legen an den Blättern der Rebe unterseits oder am Blattstiel oder unter der Rinde des mehrjährigen Holzes ihre ockerfarbenen, verschieden großen Eierchen ab, aus denen winzige, wie jene der Blattlaus stechborsten-, rüssel- und afterlose Männchen und Weibchen ausschlüpfen. Meist sind die etwas größeren Reblausfliegen Mütter der Weibchen, die etwas kleineren Mütter der Männchen, seltener legt dieselbe Reblausfliege Eier beiderlei Geschlechts. Männchen und Weibchen (Abb. 54 *c*) werden erst nach den 4 schwer wahrnehmbaren Häutungen beweglich und zugleich geschlechtsreif. Das befruchtete Weibchen legt ein einziges „Winterei" unter der rissigen Rinde des mehrjährigen Rebholzes ab. In Deutschland geht die Brut der Reblausfliegen in der Regel infolge zu kühler Hochsommerwitterung zugrunde, weshalb hier die aus dem Winterei ausschlüpfende Reblausform im Freien noch nicht beobachtet worden ist; doch wird nicht mehr daran gezweifelt, daß es zu ihrer Entwicklung nach ungewöhnlich heißen Sommern kommen kann, da dann oft neue Seuchenherde in der vorherrschenden Windrichtung und in größerer Entfernung von den alten Herden aus auftreten. Die im Frühjahre aus dem Winterei auskriechende junge Reblaus siedelt sich an einem jungen Rebenblatte oberseits an und erzeugt hier durch ihren Stich eine erbsenförmige Galle, deren oberseitige Öffnung durch feine Börstchen verschlossen ist. Erwachsen, legt sie, die sog. Stammmutter oder Fundatrix, an 2—300 Eier in der Galle ab, aus denen teils neue Gallenrebläuse, teils solche Jungläuse ausschlüpfen, die an die Wurzeln des Rebstockes hinabwandern und hier zu etwa schon vorhandenen Wurzelreblausfamilien hinzutreten und neue Kolonien gründen.

In Südeuropa folgen diese Blattgallenbildner in 8—12 Generationen aufeinander, deren letzte mit den abfallenden Blättern im Herbste zugrunde geht; in Deutschland sind die blattgallenbildenden Rebläuse nur von Börner in Ulmenweiler Gewächshäusern gezüchtet worden, wo sie vom Frühjahre 1910 bis in den Winter 1916/17 hinein 67 jungfräuliche Generationen hervorgebracht haben.

Die feinen mikroskopischen Unterschiede zwischen den jungen blattbewohnenden (*a*) und den wurzelbewohnenden (*b*) Rebläusen zeigt Abb. 54. Man beachte auch die dreigliedrigen Fühler, deren drittes großes Glied ein großes Riechorgan besitzt, die aus drei feinen Punkten gebildeten Seitenaugen der flügellosen Form, in Abb. 54 *d* die Anordnung der Rückenplättchen bei Jungläusen, erwachsenen und Nymphen, bei den Geflügelten (*e*) die Aderung der Vorderflügel, die das Tier in der Ruhe wagerecht zusammengeschoben trägt.

Die Bekämpfung der Reblaus liegt in Deutschland in den Händen der Landesregierungen, die in den Weinbau treibenden Gegenden einen besonderen Überwachungsdienst organisiert haben. Jeder Fall der Auffindung der Reblaus oder einer reblausverdächtigen Stelle im Weinberge muß daher der Behörde angezeigt werden.

San José-Schildlaus (Abb. 55—59).

Die San José-Schildlaus (*Aspidiotus perniciosus*), die austernförmige Schildlaus (*A. ostreiformis*), die rote Obstschildlaus (***Epidiaspis betulae***, früher *Diaspis fallax*) und die Kommaschildlaus (*Lepidosaphes ulmi*, früher

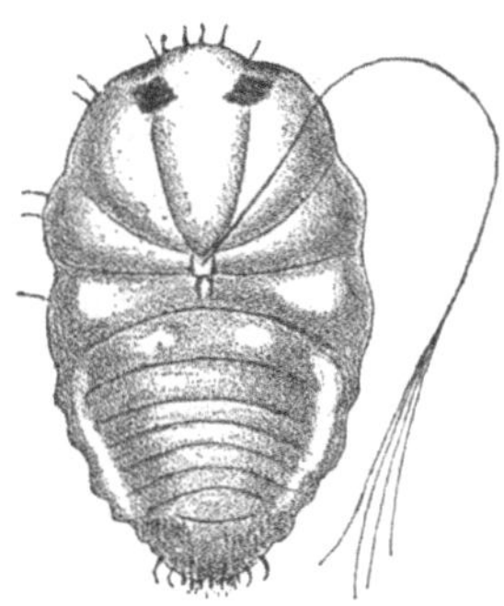

Abb. 55. Männchen der San José-Schildlaus nach der ersten Häutung. 50/1. (Nach Denkschrift des Kaiserl. Gesundheitsamtes.)

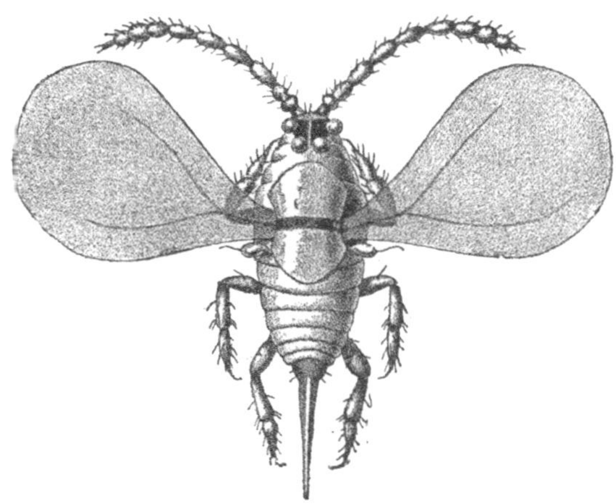

Abb. 56. Geflügeltes Männchen der José-Schildlaus. 50/1. (Nach Denkschrift des Kaiserl. Gesundheitsamtes.)

Mytilaspis pomorum) sind die zu den Schildläusen (*Coccidae*) gehörigen Arten, die wegen ihrer bedeutenden Schädlichkeit für den Obstbau besonderer Erwähnung bedürfen.

Alle sind sie dadurch ausgezeichnet, daß die Weibchen Wachs ausschwitzen, aus dem sich ein Schild bildet, der das Tier bedeckt. Während *A. perniciosus*, *A. ostreiformis* und *Epidiaspis betulae* einen runden Schild haben, ist derjenige von *Lepidosaphes ulmi* kommaartig gekrümmt, so daß diese Art schon an der Form des Schildes zu erkennen ist.

Die Schädigung, die durch diese Schildläuse hervorgerufen wird, besteht darin, daß große Kolonien sich an den Zweigen der Obstbäume festsetzen, ihre Saugrüssel durch die Rinde hindurch bis zum Kambium einsenken und durch das beständige Saugen die Entwicklung des Baumes zunächst hemmen, oft aber auch sein Absterben bedingen. Auf dem Querschnitt eines solchen angegriffenen Zweiges ist das Kambium an einzelnen Stellen abgestorben, so daß nur noch ein partielles Dickenwachstum erfolgen kann. Auch auf den Früchten kommt die Laus vor und kann durch den Versand derselben verschleppt werden.

Die Entwicklungsgeschichte der San José-Laus, die in Amerika eingehend studiert wurde, ist folgende: Im Frühjahre findet man an den Zweigen der Bäume fast völlig entwickelte Weibchen, die unter ihrem Schild den Winter überdauert haben. Bis Mai sind dieselben am Ende ihrer Entwicklung angelangt und beginnen nunmehr lebendige Junge (Larven) zu gebären, welches Geschäft sie etwa bis Mitte oder Ende Juni fortsetzen. Diese Larven lassen zunächst einen Unterschied der Geschlechter nicht erkennen, sie sind etwa $^1/_4$ mm lang, $^1/_{10}$ mm breit, von gelblicher Farbe, haben hellrote Augen, ein fünfgliedriges Fühlerpaar und einen kräftigen Saugrüssel. Nur wenige Stunden vermögen sie umherzulaufen, und meist saugen sie sich bald in der Nähe des Muttertieres fest. Es beginnt nun auf dem Rücken die Ausscheidung einer wachsartigen Masse, die, zusammenfließend, den Schild bildet. Am zwölften Tage nach der Geburt häutet sich die Larve zum erstenmal, und nunmehr differenzieren sich deutlich Männchen und Weibchen. Beide Geschlechter haben Fühler und Beine abgeworfen, die Männchen (Abb. 55) sind etwas größer als die Weibchen, haben große, rote Augen und eine ovale Gestalt, die Weibchen sind annähernd rund und augenlos; beide aber haben einen kräftigen, langen

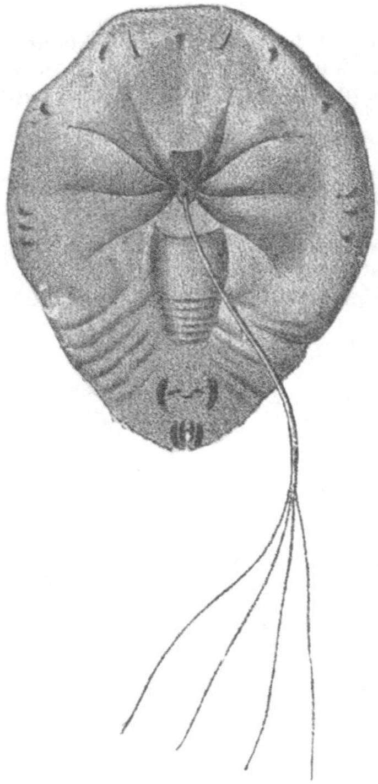

Abb. 57. Weibchen der San José-Schildlaus nach der zweiten Häutung. Vom Saugrüssel ist die Mitte weggelassen. Etwa $^{50}/_1$. (Nach Denkschrift d. Kaiserl. Gesundheitsamtes.)

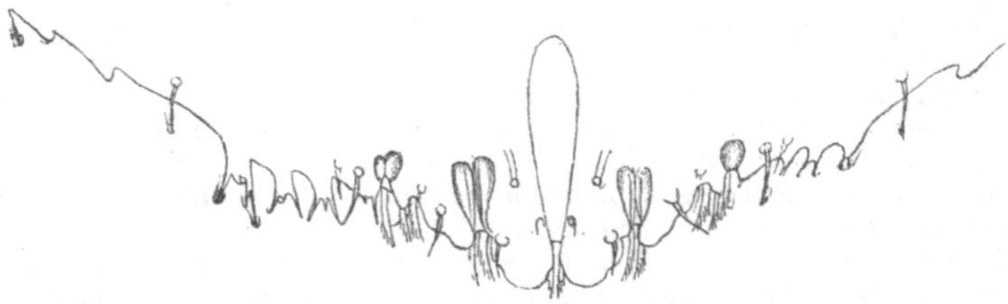

Abb. 58. Schematische Darstellung der letzten Körpereinschnitte einer erwachsenen weiblichen San José-Schildlaus. Vergr. $^{570}/_1$. (Nach Denkschrift des Kaiserl. Gesundheitsamtes.)

Saugrüssel. Während das Weibchen damit am Ende seiner Formentwicklung steht, häutet sich das Männchen am 18. Tage zum zweitenmale, wobei zunächst die Vorpuppe erscheint, aus der in den nächsten zwei Tagen die Puppe hervorgeht. Dieselbe läßt schon deutlich Beine, Flügel und Fühleranlagen erkennen. Etwa am sechsten Tage des Puppenstadiums schlüpfen die fliegenartigen, geflügelten Männchen aus. Sie sind orangefarben mit dunklerem Kopf, stark ausgebildeten Fühlern, haben ein mit dunklem Querband versehenes Brustschild, große, gelbgrün schillernde Flügel und ein auffallend großes, konisches Geschlechtswerkzeug (Abb. 56).

Die weiblichen Tiere häuten sich ebenfalls ein zweites Mal und vollenden ihr Wachstum bis zum 30. Tage nach ihrer Geburt. Sie haben dann eine annähernd kreisförmige Gestalt (Abb. 57) und sind bedeckt mit einem etwa 1,5—2 mm großen runden Schild von grauer Farbe, der in der Mitte einen helleren Buckel zeigt.

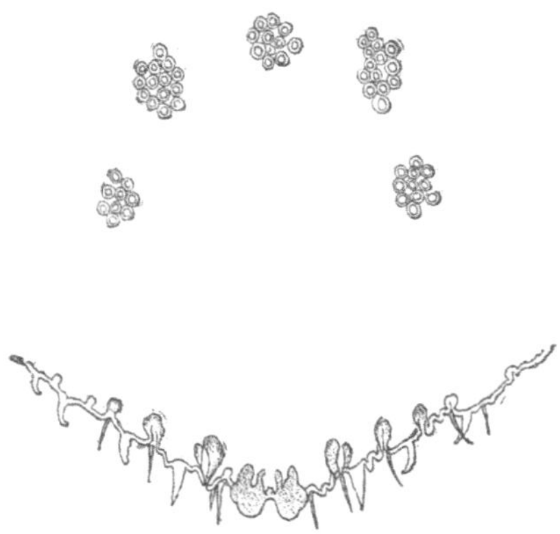

Abb. 59. Schematische Darstellung der letzten Körperabschnitte einer erwachsenen *Epidiaspis betulae*. Vergr. $^{570}/_{1}$. Oben die fünf Drüsengruppen. (Nach Denkschr. des Kaiserl. Gesundheitsamtes.)

Zur genauen Bestimmung ist der letzte Körperabschnitt von größter Wichtigkeit (Abb. 58). Derselbe ist bei jeder Art in charakteristischer Weise mit Einschnitten, Drüsenhaaren und Dornen versehen. Für *A. perniciosus* sind die sogenannten gefransten Platten ein Erkennungsmerkmal. Dieselben sind Haarbildungen, die mit Zähnen oder Fransen versehen sind: ein Paar von ihnen steht zwischen dem mittleren Lappenpaar, je zwei zwischen dem ersten und zweiten Lappen jederseits und je drei zwischen dem zweiten Lappen und den als Körperfortsätze bezeichneten Vorsprüngen am weiteren Rande.

Diese gefransten Platten fehlen *Aspidiotus ostreiformis* und *Epidiaspis betulae*, auch sind deren Körperabschnitte anders ausgebildet, dagegen besitzen diese Arten auf dem Bauche vier bezw. fünf Gruppen runder Drüsen (Filièren, Abb. 59), die sich bei *A. perniciosus* nicht finden. Auch sonst sind zwischen diesen Arten noch einige Unterschiede, die ihre genaue Feststellung erleichtern.

Die oben genannten Schildlausarten sind in ihrer Verbreitung recht verschieden. *A. ostreiformis* ist eine in Deutschland weitverbreitete Art, die besonders in schlecht gepflegten Baumschulen Schaden verursacht; *Epidiaspis betulae* ist besonders in Frankreich und Westdeutschland zu finden und schädigt vor allem die Birnbäume; *A. perniciosus*, deren ursprüngliche Heimat das nördliche China zu sein scheint, ist zurzeit in Europa nicht festgestellt, ihr Verbreitungsgebiet ist Japan, China, Nordamerika, Hawaii und Australien; in diesen Ländern tritt sie so verheerend auf, daß in Deutschland eine Verordnung erlassen ist, die die Einfuhr von lebenden Pflanzen und frischem Obst aus den von der San José-Laus heimgesuchten Ländern zum Teil von dem Resultat einer fachmännischen Untersuchung abhängig macht, zum Teil untersagt. Mit der Durchführung dieser Verordnung sind von der Regierung ernannte Sachverständige betraut worden, die die an der Zollgrenze eintreffenden Obst- und Pflanzensendungen einer eingehenden Untersuchung unterziehen.

Als Abwehrmittel gegen alle Schildläuse bewähren sich am besten Petroleumemulsion (und zwar in nicht verdünntem Zustande) und Schwefelkalkbrühe; auch ist durch Abbürsten und nachherigen Kalkanstrich bei weniger starkem Auftreten schon ein Erfolg zu erzielen.

Blasenfüße [*Physopoda*] (Abb. 60).

Die Ordnung der Blasenfüße (*Physopoda* oder *Thysanoptera*) umfaßt zahlreiche Arten, die auf den verschiedensten Pflanzen vorkommen und daher zur Untersuchung leicht zu beschaffen sind. Eine der häufigsten und während des ganzen Jahres zu erlangenden Arten ist *Thrips* (*Parthenothrips*) *dracaenae* (Abb. 60), die sich auf den verschiedensten Gewächshauspflanzen findet und durch ihr Saugen an den Blättern mißfarbige Flecke erzeugt.

Abb. 60. Gewächshaus-Blasenfuß. $^{15}/_{1}$. (Nach Fulmeck.)

Diese Art ist etwa 1 mm lang und ziemlich dickleibig. Kopf und Vorderleib sind gelbbraun, Hinterleib dunkel- bis schwarzbraun, die drei letzten Segmente gelbbraun; die gelblichen Fühler sind 7gliederig, außer den ersten beiden Gliedern sehr dünn; die Beine sind licht braungelb; die Flügel sind sehr lang, so daß sie das Hinterende überragen; die Oberflügel sind weiß mit zwei dunklen Querbinden. Außer der mit dem Rande parallel laufenden Ringader besitzen sie eine Längsader, von der im ersten Viertel ein kurzer Seitenast abzweigt. Vorder- und Hinterflügel sind nach hinten mit Fransen, nach vorn mit Borsten besetzt; an den hinteren Abdominalsegmenten befinden sich ebenfalls einige kräftige Borsten.

Eine weitere, in Gewächshäusern sehr häufige Art ist die sog. „schwarze Fliege“ der Gärtner (*Heliothrips haemorrhoidalis*), deren ♀ im Gegensatz zu der vorigen Art mit einem Legestachel versehen ist.

Das Tier ist 1—1,3 mm lang, schwarzbraun, Hinterleib vom 8. Ring an rotbraun, Fühler, Flügel und Beine gelblich. Die Verbreitung erstreckt sich über Europa, Nordamerika und Australien.

Auch auf Getreide kommen verschiedene Arten der Ordnung vor, die meist unter dem Namen *Thrips cerealium* zusammengefaßt werden. Die häufigsten hierher gehörigen Arten sind *Limothrips denticornis*, *Limothrips cerealium*, *Aptinothrips rufus*, *Anthothrips aculeatus*. Sie verursachen Lückenhaftigkeit der Ähre und Weißährigkeit.

Gelbe Weizenmücke [*Contarinia* oder *Diplosis tritici*] (Abb. 61).

Abb. 61. Gelbe Weizenmücke (*Contarinia tritici*). Vergr. 10/1. (Nach Brehm.)

Sie ist eine Gallmücke, die aber (gewöhnlich wenigstens) nicht eigentliche Gallen hervorbringt. Das Tier ist 1—1,5 mm lang, an allen Teilen dicht mit flaumartigen Härchen bedeckt, rotgelb. Das Männchen hat Fühler, die 1½mal, das Weibchen solche, die ⅗mal so lang sind wie der Körper. Das Weibchen legt die Eier in Mehrzahl (bis 20) in die jungen Blüten, besonders des Weizens und Roggens. Die ausgeschlüpften, erst glashellen, dann gelben, 3 mm langen Maden haben zwei kurze Fühler. Sie kriechen in den Blüten umher und nähren sich von Blütenstaub sowie vom jungen, milchigen Korn. Dadurch werden die befallenen Ähren taub. Der Schaden ist oft sehr beträchtlich.

Weizengallmücke, Hessenfliege [*Mayetiola destructor*].

Diese ist der vorigen Art nahe verwandt, doch ganz anders gefärbt. Länge des Tieres ungefähr 2,5—3,5 mm; Färbung tiefschwarz mit blutrotem Bauch und roter Längslinie auf dem Rücken; Flügel durch schwarze Behaarung grau aussehend. Männchen etwas kleiner als das Weibchen, Fühler des ersteren 20gliederig, die des letzteren 17gliederig. Die Eier werden an alle Getreidearten sowie an viele Wiesengräser abgesetzt; gelblich-weiße Maden entwickeln sich aus denselben, nisten sich im Grunde der Blattscheiden ein und zerstören hier das weiche Gewebe des Halmes, so daß derselbe umfällt. Tönnchenpuppen glänzend braun, abgeplattet, einem Leinsamenkorn ähnlich und dadurch von den walzenförmigen der Fritfliege unterschieden. Ein von diesem Feldverwüster befallenes Getreidefeld sieht wie verhagelt aus. Den Namen „Hessenfliege“ hat die Mücke in Nordamerika erhalten, wohin sie 1776 durch hessische Soldtruppen mit Stroh verschleppt sein soll.

Gelbe Halmfliege oder Weizenfliege [*Chlorops taeniopus*] (Abb. 62).

Abb. 62. Grünauge (*Chlorops taeniopus*). Vergr. 3/1. (Nach Brehm.)

Dieses auch Grünauge genannte Tier ist 3—5 mm lang. Es hat glashelle Flügel, ist im ganzen gelb und hat auf dem Kopfe ein schwarzes Dreieck, auf dem Rücken des Bruststückes drei schwarze Längsstreifen und seitlich am Hinterleibe vier schwarze Querbänder. Das Weibchen legt seine Eier an die obersten Blätter der jungen Weizen-, Roggen- und Gerstenpflanzen, aber auch Wiesengräser zu der Zeit, wenn die Bildung der Ähre beginnt. Aus ihnen kriechen weiße Maden aus, die sich im Innern des Halmes, von der Ähre absteigend bis zum obersten Knoten, erst helle, dann gebräunte Kanäle fressen. Am Grunde derselben findet man später die 4—6 mm langen, braunen Tonnenpuppen. Der geschädigte Halmteil schwillt an, ohne weiter in die Länge zu wachsen; oft treten bandartige Mißbildungen oder Krümmungen infolge der Verletzung auf; die in der Scheide steckenbleibende Ähre bleibt taub oder bringt nur verkümmerte Körner. Aus den Puppen dieser Sommergeneration gehen Fliegen hervor, die im Herbste ihre Eier an die junge Wintersaat legen. Die aus diesen ausschlüpfenden Larven zerstören durch ihren Fraß während des Herbstes, Winters und Frühjahrs das Herzblatt der jungen Pflanzen in derselben Weise wie die Larven der Fritfliege.

Fritfliege [*Oscinis frit*] (Abb. 63).

Durch das Auftreten der Fritfliege werden die Getreidearten, besonders Roggen, Gerste und Hafer, stark geschädigt. Die jungen Pflänzchen sterben gewöhnlich vom Herz aus ab. Da zur Flugzeit der zweiten Generation keine jungen Pflanzen da sind, werden die Eier an die jungen Körner abgesetzt, die von den Larven ausgefressen und hohl (schwedisch „frit") werden.

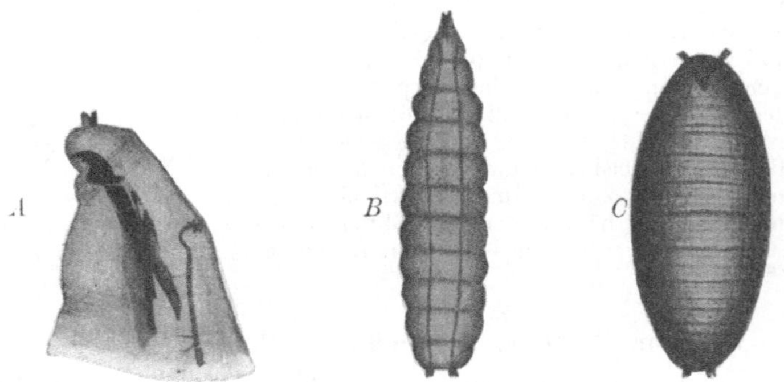

Abb. 63. Fritfliege. *A* Vorderende der Larve mit Mundhaken. *B* Larve. *C* Tönnchenpuppe. (Nach Wahl.)

Die Fritfliege ist eine etwa 2—3 mm lange Fliege, mit schwarzem, unterseits hellbraunem, metallisch glänzendem Körper, grauen Flügeln und schwarzen Beinen, deren Fußglieder gelblich gefärbt sind; die Fühler sind mit weißflimmerndem Flaum bedeckt. Sie erlebt im Laufe des Sommers drei Generationen, und zwar legt sie zum erstenmal im Frühjahre ihre rötlichen Eier an die Unterseite der Blätter junger Getreidepflanzen. Die aus diesen nach kurzer Zeit auskriechenden Larven sind 2—3 mm lang, vorn spitz, hinten stumpf mit zwei deutlichen Höckern (Abb. 63 *B*). Als Unterscheidungsmerkmal für die Fritfliegenlarve von der der Hessenfliege sind die sog. Mundhaken wichtig, die sich im Innern des Kopfendes befinden (Abb. 63 *A*). Sie stellen die chitinisierte Auskleidung des eingestülpten Kopfes mit dem anschließenden Pharynx der Larve dar, der sich bei der Verwandlung zur Puppe nach außen stülpt. Die Puppen sind hellbraune Tönnchen von walzenförmiger Gestalt (Abb. 63 *C*). Im Juni und Juli erscheint die zweite Generation und im September die dritte, die beide der ersten gleichen. Die dritte Generation überwintert als Larve und verpuppt sich erst im nächsten Frühjahre.

Als hauptsächlichstes Bekämpfungsmittel gilt eine im Herbste möglichst spät, im Frühjahre möglichst früh ausgeführte Saat, durch die es zu vermeiden gelingt, daß die Flugzeit mit dem Sprossen des Getreides zusammenfällt.

GPSR Compliance

The European Union's (EU) General Product Safety Regulation (GPSR) is a set of rules that requires consumer products to be safe and our obligations to ensure this.

If you have any concerns about our products, you can contact us on ProductSafety@springernature.com

In case Publisher is established outside the EU, the EU authorized representative is:

Springer Nature Customer Service Center GmbH
Europaplatz 3
69115 Heidelberg, Germany

Batch number: 10683525

Printed by Printforce, the Netherlands